黑洞

拍到了連光都吸入的黑暗洞穴外圍！

2022 年拍攝到了我們所在的銀河系中心（人馬座 A 星）一處超大質量黑洞四周的模樣！

黑洞影子

光被有太陽質量四百萬倍的黑洞產生的強大重力抓住而產生扭曲。

銀河星系（銀河系）

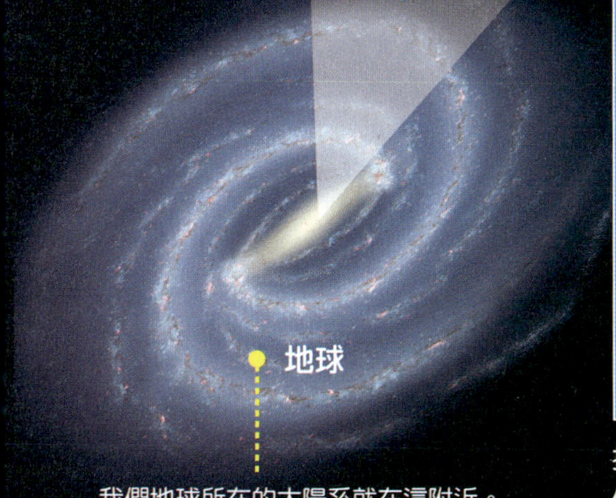

我們地球所在的太陽系就在這附近。人馬座 A 星距離太陽系約兩萬六千光年遠。

※1 光年 = 約 10 兆公里

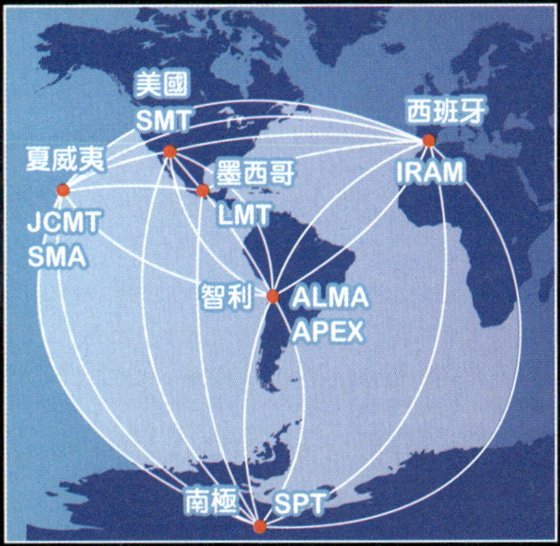

拍攝時使用了觀測無線電波的電波望遠鏡。但僅靠一台望遠鏡的性能不足，因此透過國際合作計畫，連結了全球八座電波望遠鏡，組成「事件視界望遠鏡」（EHT）。

影像提供／ EHT Collaboration、NASA/JPL-Caltech

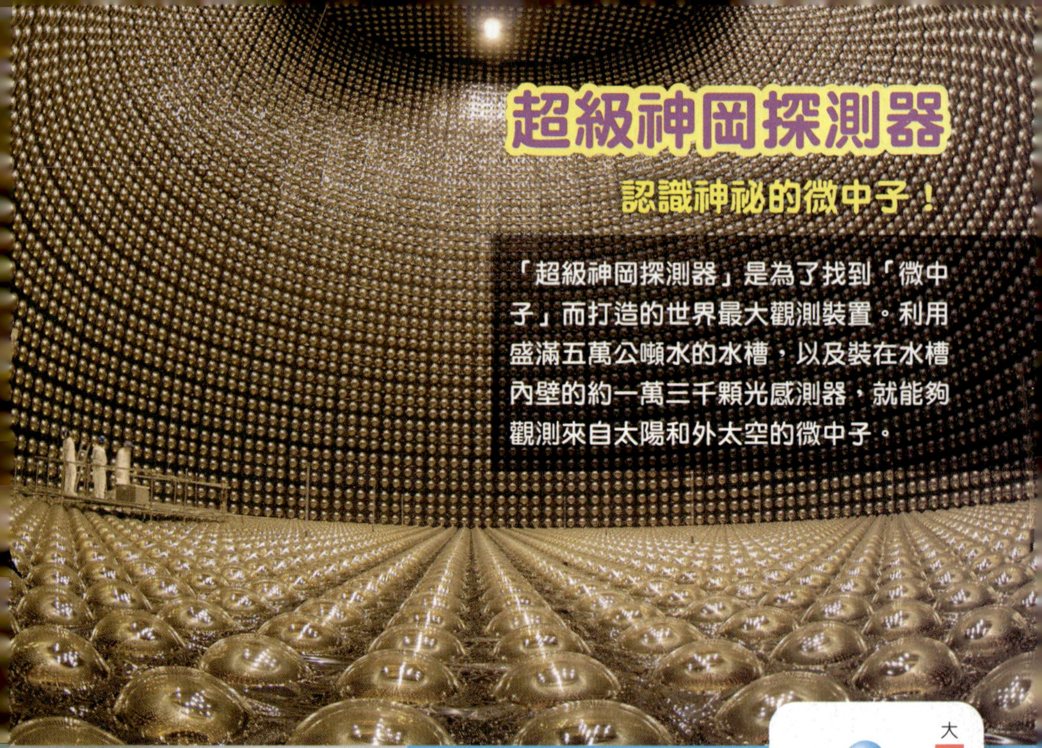

超級神岡探測器

認識神祕的微中子！

「超級神岡探測器」是為了找到「微中子」而打造的世界最大觀測裝置。利用盛滿五萬公噸水的水槽，以及裝在水槽內壁的約一萬三千顆光感測器，就能夠觀測來自太陽和外太空的微中子。

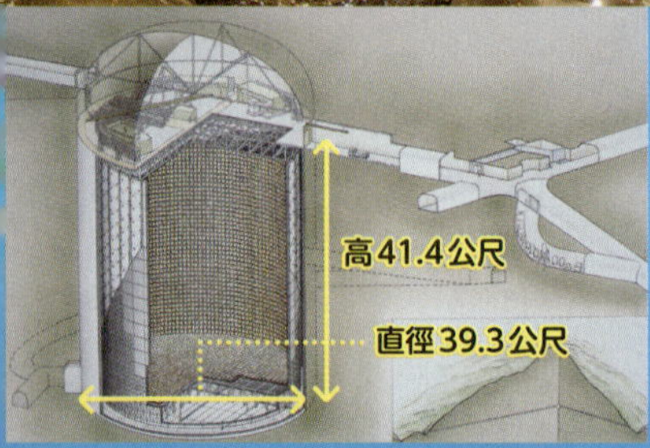

「超級神岡探測器」設置在日本岐阜縣地底下一千公尺的地方，因為地底深處能夠阻擋微中子以外的粒子干擾。

萬物均由基本粒子構成

所有物質都是由基本粒子所構成，包括我們自己、我們身邊的物品、水、空氣、星星和宇宙等都是。基本粒子就是小到無法再繼續分解的微小粒子，而微中子也是其中一種。

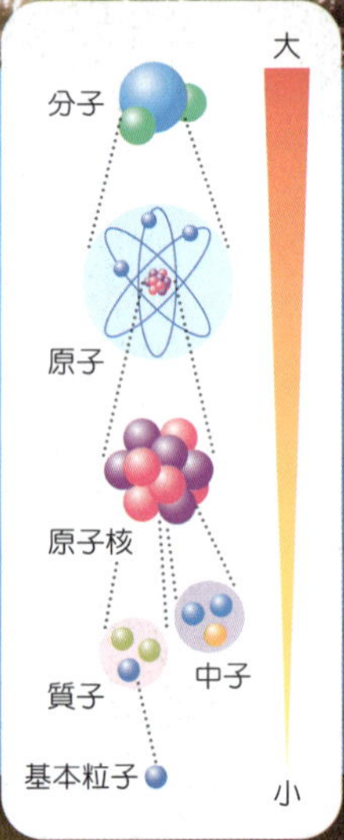

更巨大的頂級神岡探測器登場！

微中子的觀測方式是藉由捕捉微中子與水分子碰撞產生的微光。日本計畫讓「頂級神岡探測器」在 2027 年完工，利用更大的水槽收集更多資料。

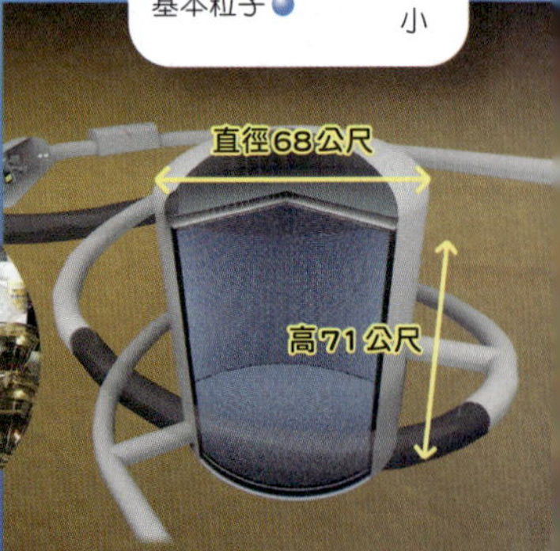

頂級神岡探測器（想像圖）

影像提供／東京大學宇宙射線研究所神岡宇宙基本粒子研究機構

阿提米絲登月計畫

人類將再度前往月球，然後前進火星！

人類於 1969 年首次降落在距離地球約 38 萬公里遠的月球上，然而自 1972 年過後，就不曾再踏足月球。時隔 50 年後，人類由美國主導，再次展開登月計劃重返月球，世界各國正攜手合作，推動名為「阿提米絲登月計畫」的全新探索計劃。

預定建設在月球南極附近的基地營想像圖。

影像提供 / NASA

月球軌道平台太空站（Lunar Orbital Platform-Gateway，縮寫LOP-G）是預定建設在繞月軌道上的太空站，未來將當作載人登月探索的基地及前進火星的前哨站。

影像提供 / NASA

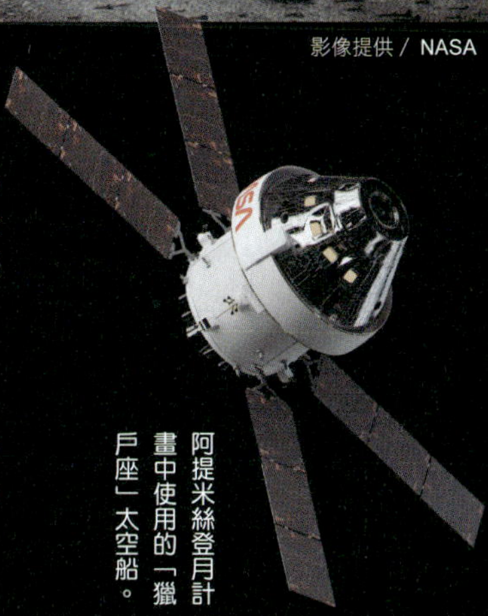

阿提米絲登月計畫中使用的「獵戶座」太空船。

載人從月球軌道平台太空站前往月球表面的登月太空船「星艦」想像圖。

影像提供 / SpaceX

「獵戶座」太空船將由運載火箭（SLS）發射上太空。預計搭乘的四位太空人為里德．懷斯曼（中下）、維克多．格洛弗（中上）、傑瑞米．漢森（右），以及克里斯蒂娜．科赫（左）。

影像提供 / NASA

鯊齒龍

被奪走王位的史上最強恐龍

影像提供／ Catmondo/Shutterstock

若問起誰是最強的恐龍，每個人都會回答「霸王龍」吧？但是在霸王龍出現之前，恐龍界最強的王者其實是「鯊齒龍」。

鯊齒龍的頭骨。生存於一億到九千三百萬年前左右的白堊紀，在霸王龍誕生前的一千萬年前，是恐龍界的王者。

影像來源／ Franko Fonseca from Redondo Beach, USA, via Wikimedia Commons

亞洲發現新物種！

2021年在烏茲別克發現新種恐龍化石，科學家認為是鯊齒龍的同類。在同一層地層也有找到模式種的小型暴龍同類，因此最新研究顯示兩者在某段時期曾經共存。但鯊齒龍為什麼會消失？暴龍為什麼會成為新任恐龍王？為何某段時期較少發現化石？這些目前都尚未找到解釋。

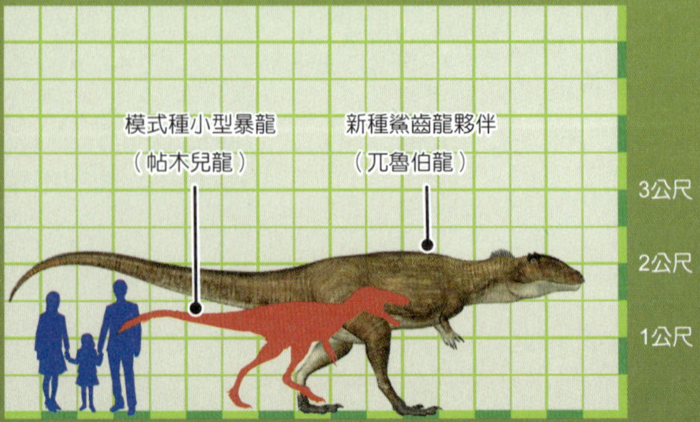

影像提供／ PPS 通信社

哆啦A夢科學任意門

DORAEMON
SCIENCE WORLD
special

科學入門魔法環

哆啦A夢科學任意門 special
科學入門魔法環

目錄

＊本書有重複收錄《哆啦A夢》相關系列中刊載過的漫畫作品。

關於本書

各位讀者是否喜歡自然課？自然課中有實驗、觀察、專題報告，上起來很好玩吧？很多人小學時很喜歡自然科學，但升上國中之後，或許是因為課程內容變難，也就越來越排斥。編輯部出版這本書，就是希望各位小學生能夠愛上自然科學，長大後也能繼續保持對科學的興趣。

廣義的科學包括了自然科學與社會科學，

本書主要以自然科學為主題，從科學的起源，也就是古希臘的自然哲學開始，介紹科學的思維，再來按照物理學、化學、天文學、地球科學、生物學等學問分門別類，更進一步加上實踐這些基礎科學的醫學、農學、工程學等應用科學，簡單介紹各領域的科學、成立過程、代表理論等。希望各位讀完本書後，能夠對科學產生興趣，會想要學習科學；也希望有更多人支持科學家與相關技術人員，更期許未來在各位之中，能夠出現對科學新發現與科學技術發展有貢獻的人。

※本書沒有特別標示的內容，均為截至二〇二三年七月的資料。

斷層掃描器

零用錢也差不多用完了。
藏寶圖終於可以派上用場！
什麼……藏寶圖!?
今年得到了很多壓歲錢，然後爸媽就很囉嗦的說……
小孩子身上有這麼多錢是很危險的，就先放在媽媽這邊！
最近不小心喝太多……可以先把錢借給我嗎？
我把錢埋在後山，也都做了記號，現在就去挖吧！
我也來幫你，挖到了分我一成喔。

ヒュウ
唔……好冷喔!!
為了零用錢，只能拚命囉！
我記得是在這附近啊……
奇怪？
怪了！
怎麼會這樣？
記號都不見，已經找不到了啦！
這是記號!?
野狗
寶物
垃圾
飲料空罐
學校
我把錢埋在那三個記號的中央。
受不了！
我真是～受不了你!!
全部的財產都不見了啦，我活著也沒有意義。

科學入門魔法環Q&A

Q 古希臘哲學家畢德哥拉斯認為什麼是萬物的根源？ ①數 ②光 ③聲音

「斷層掃描器」。
這是為了學術研究而發明的機器。
可以很簡單的調查那些從外面看不到的地方。
※咘咘
ブ・ブ….
來試試看吧。
比如說我們不能去的地方……
例如深海的底下……
或是巨大的金字塔中央。
小到像蜂窩的裡頭……
還有微小的機械裡面……

A ①數。畢德哥拉斯認為藏在所有現象中的定律，都可以用數學證明（萬物皆數）。現代科學也認為數學是重要的思考工具。

連人的體內都可以喔。
啊，是我!?
別看，好噁心喔!!
※咘～
用這機器來調查後山的地底……
也就是說，不用到處挖，就可以找到囉!!
ブーン
嗯!?
這是什麼？
啊，我把縮放比例調錯，這是地球啦。
你看，外面這一層是地殼，下面是地函，而中央高溫的地方是核心……
但是，這樣無法找到我的錢啊。
我知道啦，縮放比率我會慢慢調小。
將地殼放大之後，你看，就可以看到海和陸地了。

Q 「科學」的英文「science」的語源是什麼意思？ ①思考 ②知識 ③説話

A ② 知識。「science」的語源來自於拉丁文「scientia」，意思是「知識」。

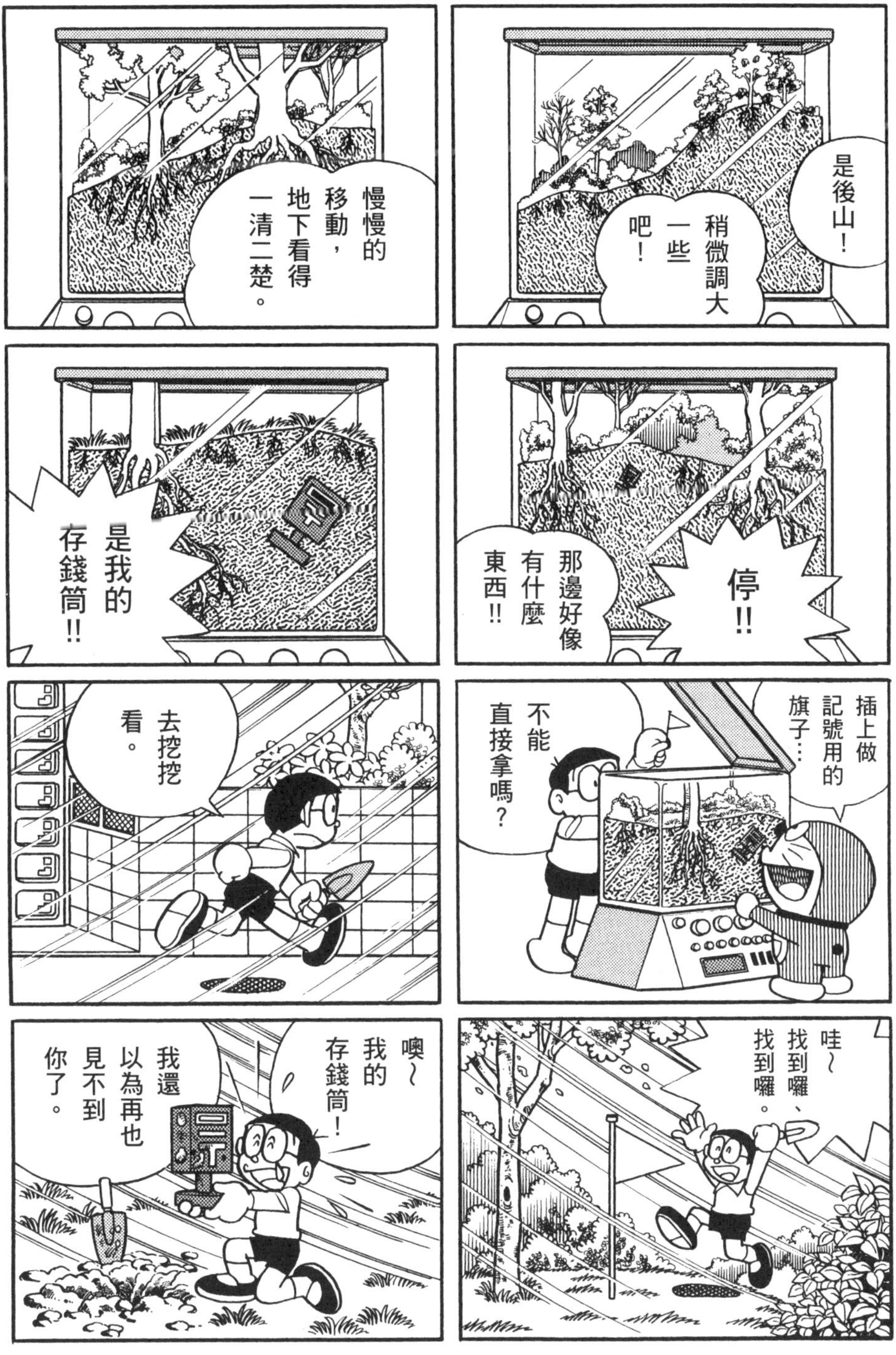
是後山！
稍微調大一些吧！
慢慢的移動，地下看得一清二楚。
停!!
那邊好像有什麼東西!!
是我的存錢筒!!
插上做記號用的旗子…
不能直接拿嗎？
去挖挖看。
哇～找到囉、找到囉。
噢～我的存錢筒！
我還以為再也見不到你了。

你是我的救命恩人。
太好了。
那個道具呢？
收起來了啊，你要做什麼？
那個東西這麼好玩，我想再用一下。
那是學術研究的道具，你竟然說要拿來玩？
我是想要做學術研究啊。
是真的嗎？
這是調緯度的按鈕，那個是調經度的按鈕。
標高的按鈕是這個……
你要看什麼？
這個嘛……我要研究螞蟻的巢穴。
這不是靜香家嗎？
她家的院子裡有個很大的螞蟻窩！
你看，找到了！

科學入門魔法環Q&A

Q 為什麼自然科學教室的椅子沒有椅背？ ①避免睡著 ②方便逃生 ③端正坐姿

A ②方便逃生。做實驗經常使用火和危險藥品，為了避免危險，所以教室的椅子沒有椅背。

其實，我對這個很有興趣呢，真好玩。
要好好的認真學習喔。
來看看上面是什麼好了。
※登登
原來浴室的構造是這樣啊……
你在看什麼!?
グルグルグル
※轉、轉、轉
沒有啊，我沒在看什麼東西啊。
那是什麼!?

雪裡……
好像有人被埋在裡面!!
插上旗子，
去救人吧!!
雷達所顯示的位置，
好像就在大槍峰的半山腰。
在那裡!!
趕上了!!

科學入門魔法環Q&A

Q 牛頓發現萬有引力定律是因為看到什麼？①烏龜 ②太陽 ③蘋果

送到醫院之後，就放心了。
吃點心囉。
我還有事，你先去吧！
？
晚了一步……好像已經洗完了。
啊！不是的！這個是那個……

A ③蘋果。據傳牛頓是看到樹上掉下蘋果，因此注意到地球引力的存在，但無法確定是否真有此事。

「好奇」就是科學的起點

「文明」伴隨著科學發生

各位是否好奇過「天空為什麼是藍色」、「魚為什麼能在水中呼吸」？

插圖／杉山真理

利用「槓桿原理」
用雪橇和油來減少「摩擦力」

▲如果少了科學的力量，就蓋不出金字塔了。

對身邊事物與現象的「好奇」，就是科學的起點。人類從很久很久以前，就開始懂得根據太陽移動判斷季節，懂得利用石頭與植物的特性，製造工具和藥物。人類觀察大自然，發現定律後，隨之而來的就是建立「文明」。

「科學就是哲學」的時代

在距今兩千五百多年前的古希臘時代，人們認為打雷、生病，全都是神明造成的。後來才開始有越來越多人以更符合邏輯及更理性的方式來思考、解釋並分析各種事物。這種對「知」的探究，後來稱為「哲學」。

科學與哲學在現代是各自獨立的兩種學問，不過在過去兩者是同一門學問。

▲打雷閃電是希臘神話的天神宙斯造成的？

插圖／杉山真理

亞里斯多德與阿基米德

古希臘時代的亞里斯多德，博學多聞，他整理歸納了當時的學問，因此後世尊稱他為「萬學之祖」。然而，他的理論中存在許多錯誤。相較之下，阿基米德則更重視實驗與數學的結合。

後來，在「亞里斯多德至上」的時代裡，終於有科學家勇於提出質疑，例如深受阿基米德影響的伽利略等人。

近代科學的建立，是源自於阿基米德「以實驗為基礎，用數學解析自然奧祕」的思維模式，打破了亞里斯多德龐大的知識體系。

地球才是宇宙的中心，太陽和星星都是繞著地球轉！
插圖／杉山真理
▲亞里斯多德曾經提出許多現在看來完全錯誤的研究，例如「鰻魚是由泥巴生的」等。

阿基米德

重視實驗與數學，並將之實踐在發明上

西元前287年左右到西元前212年

是古希臘的科學家、數學家、工程師。他重視實驗，用數學解析自然現象，發現「槓桿原理」和「浮力原理」（阿基米德原理），還計算出圓周率。

此外，他更將理論付諸實踐，發明了利用槓桿和滑輪的起重機、螺旋式泵浦等。據說他曾經在戰爭中發明多種兵器，成功擊退入侵他家鄉的羅馬軍隊。

▲據說他在泡澡時想到「浮力原理」，大喊「我想到了！」後便赤身裸體直接飛奔出去。

插圖／杉山真理

改變世界！「科學」大事紀①

物理學

西元前250年左右 **阿基米德**發現槓桿原理、浮力原理。

1583年 **伽利略**發現單擺的等時性。

吊燈來回擺動的時間相同！

1604年 **伽利略**發現自由落體定律與慣性定律。

化學

1643年 **托里切利**發明氣壓計。

天文學、地球科學

150年左右 **托勒密**繪製世界地圖。

1543年 **哥白尼**提出地心說。

1609年 **克卜勒**發表克卜勒定律。 **伽利略**製作天文望遠鏡。

生物學、醫學

西元前400年左右 **希波克拉底**首創科學性醫療。

1543年 **維薩里**繪製正確的人體解剖圖。

1628年 **哈維**發表血液循環論。

工程學

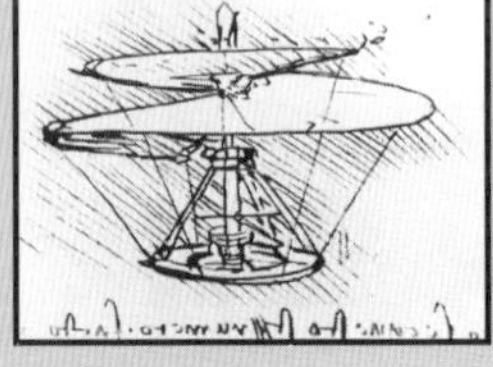
達文西的直升機。

1500年左右 **達文西**設計自走車和直升機。

1590年 **楊森**父子發明顯微鏡。

插圖／杉山真理

1653年 **帕斯卡**發現帕斯卡定律。

1687年 **牛頓**發表三大運動定律。

1752年 **富蘭克林**證明雷其實是電。

1826年 **歐姆**發現歐姆定律。

1662年 **波以耳**發現波以耳定律。

1714年 **華倫海特**發明溫度計。

1774年 **卜利士力**發現氧氣。

1789年 **拉瓦節**定義元素。

元素有 33 個！

1869年 **門得列夫**發表元素週期表。

1655年 **惠更斯**發現土星環。

1705年 **哈雷**發現有週期彗星存在。

1781年 **赫雪爾**發現天王星。

建造巨型望遠鏡。

1851年 **傅科**以實驗證明地球自轉。

1665年 **虎克**發現細胞。

1676年 **雷文霍克**發現細菌。

1735年 **林奈**發表生物分類法。

1796年 **詹納**發明牛痘接種術。

1804年 **華岡青洲**成功完成全身麻醉手術。

1859年 **達爾文**發表演化論。

1865年 **孟德爾**發表遺傳定律（孟德爾定律）。

可用在工廠、船、火車頭！

1765年 **瓦特**改良蒸汽機。

1799年 **伏打**發明電池。

1825年 **史蒂文生**改良蒸氣火車頭。

1837年 **摩斯**發明摩斯電碼。

1867年 **諾貝爾**發明炸藥。

插圖／杉山真理

改變世界！「科學」大事紀②

物理學

1888年 **赫茲**測出電磁波。

1895年 **倫琴**發現X射線。

1896年 **貝克勒**發現放射線。

1898年 **居禮夫婦**發現鐳和釙。

化學

1897年 **湯姆生**發現電子。

天文學、地球科學

1912年 **韋格納**發表大陸漂移說。

生物學、醫學

1882年 **柯霍**發現結核菌。

1885年 **巴斯德**開發狂犬病疫苗。

工程學

1876年 **貝爾**發明電話。

1879年 **愛迪生**讓白熾燈泡商業化。

1903年 **萊特兄弟**成功試飛動力飛機。

插圖／杉山真理

1905年 愛因斯坦發表相對論。

1911年 昂內斯發現超導體。

超導體也應用在磁浮列車上。

1998年 發現微中子有質量。

2012年 發現希格斯玻色子。

1911年 拉塞福發現原子核。

1932年 查兌克發現中子。**安德森**發現反物質（正電子）。

影像提供／NASA

人類首次踏上月球表面。

1929年 哈伯發表宇宙膨脹。

1946年 伽莫夫發表大霹靂理論。

1957年 人造衛星（史普尼克1號）發射成功。

1969年 人類成功登陸月球表面（阿波羅計畫）。

1980年 阿爾瓦雷茨發表恐龍滅絕隕石碰撞說。

1998年 發現宇宙正在加速膨脹。

DNA是這個形狀！

1953年 華生和**克里克**揭開DNA是雙螺旋構造。

2003年 解碼人類基因體（人類遺傳資訊）。

2006年 山中伸彌成功製造iPS細胞。

1942年 費米建造原子爐。

1945年 開發原子彈。

1946年 成功將電腦商業化。

1947年 葉格駕駛貝爾X－1飛機成功突破音障。

突破音障了！
影像提供／NASA

1991年 成功從核融合反應中獲得能量輸出。

插圖／杉山真理

飛蟻的行蹤

又在偷懶！
作業還沒寫吧？
你聽過螞蟻與蟋蟀的故事嗎？
你再這樣懶惰下去……
應該要學習螞蟻努力……
別踩到牠了。
這裡有一隻飛蟻。
牠在這裡遊晃一個小時了。
在做什麼啊？
牠在傷腦筋飛到這裡來了吧？
放回外面的土地上。
我要觀察牠接下來要做什麼。

「影像播放鏡」。
只要對著目標按下按鈕，
之後不論牠到了哪裡，
都會繼續播放影像。
隨時隨地都可以觀察牠的狀態。
我現在要看。
在吃飯之前把作業寫完！
趕快寫完我就可以看鏡子了。
總算做完了。
已經九點了，快來吃飯。
我吃飽了。
時間很晚了，趕快去睡覺。
趕快起床上學，該去上學啦。

科學入門魔法環Q&A

Q 科學也包括學校教的自然科學以外的領域。這是真的嗎？

A 真的。根據不同的研究對象可分為自然科學、社會科學、人文科學等各種領域。

不知道飛蟻今天的狀況怎樣。
我回來了。
給我看鏡子。
一片漆黑耶。
哈哈，牠鑽到土裡了。
打開紅外線照射器吧。
カチ
※喀喳
牠好小隻看不清楚呢！
在那裡。
調整刻度，
想要放多大都可以。
呀啊。

好恐怖……
你的問題真多耶。
只要將對焦調回原位，再裝置上「童話濾鏡」就好了。
翅膀不見了呢，
原來牠是蟻后。
還生了二十顆左右的蛋。
我想知道這個巢在哪裡。
將對焦調遠一點……
在院子裡，
在八角金盤樹下面。
在這裡！
這裡即將產生新王國呢。
我們繼續守護牠吧。

科學入門魔法環Q&A

Q 下列哪一個是自然科學的研究對象？①人類 ②自然界 ③數學

A ②自然界。此領域研究的是大自然創造出的所有物質與現象是建立在何種原理架構下。

我們要打棒球囉。
馬上到空地集合。
我今天很忙。
不知道蛋什麼時候會孵化出來……
從那之後已經過了三天。
都孵化囉。
真的!?
哇，好可愛喔。
牠為了防止細菌附著，一隻隻舔牠們的身體呢。
而且都用嘴巴餵牠們食物……真是辛苦。
大雄每天急著回去不知道在做什麼。
安岡医院
牠們變成蛹了。
真的嗎!?

總有一天這些飛蟻就會破繭而出獨當一面。
就快了。
牠們孵化出來了。
沒想到這樣一個小家庭，
會逐漸的增加成員，擴大牠們的家園，
而成為擁有成千上萬子民的女王國。
我回來了～～
點心!!
有作業嗎？
有啊，
待會再寫。

科學入門魔法環Q&A

Q 科學研究最先要做的是哪一個？①觀察 ②預測 ③計算

A ①觀察。首先觀察大自然存在的物質與現象，提出疑問並找到必須解決的問題。

※撒、撒

喔，努力的在工作啊。
你們辛苦了。
パラ
パラ
播放鏡給我看。
作業呢？
有啊。
待會再寫。
啊，牠們發現蛋糕了。
正開心的搬運著。
這塊太大了嗎？
抱歉。
我去把蛋糕弄小點。
大雄最近很奇怪呢。
每天都會盯著鏡子……

男孩子怎麼能成天照鏡子……
那是什麼？
喔，是蟻穴啊。
爸爸小時候也用玻璃瓶養過。
差不多該還我了吧。
等等，牠們正在搬運一隻毛毛蟲。
沒關係啦，觀察大自然不是件壞事。
反正他很快就會膩了。
掉到螞蟻地獄去了。
越掙扎就越往下滑……
牠會被拖下去吃掉的。

科學入門魔法環Q&A

Q 科學研究是實驗做完就結束。這是真的嗎？

A 不是。還需要分析實驗結果，驗證解決問題預設的假設是否正確。

我馬上去救你!!
這裡!
※撥、撥
抓住我的手指頭。
ピッ
ピッ
你以後可要小心點啊!
真是一刻都無法離開鏡子。
想讓他觀察學習勤勞的螞蟻，沒想到反而變得更懶惰了。
得想個辦法……
你們能不能幫我說服他?

Q 科學研究必須具備數學知識。這是真的嗎？

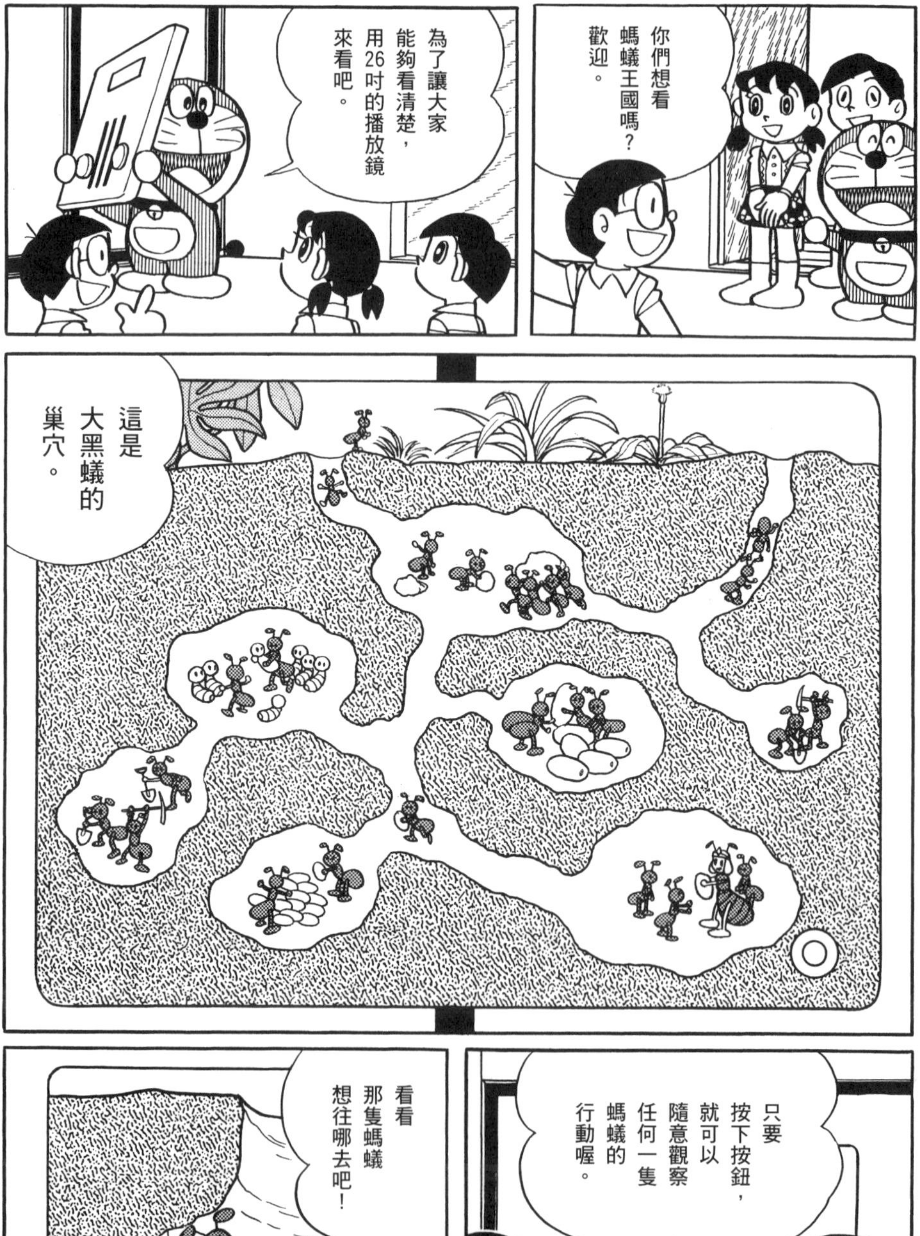
你們想看螞蟻王國嗎？歡迎。
為了讓大家能夠看清楚，用26吋的播放鏡來看吧。
這是大黑蟻的巢穴。
只要按下按鈕，就可以隨意觀察任何一隻螞蟻的行動喔。
看看那隻螞蟻想往哪去吧！

A 真的。利用數學公式和理論把透過觀察和實驗找出的真相整理成定律。

牠跟守衛蟻用觸角打招呼。
千里迢迢的找尋食物……
居然不會迷路耶。
因為牠的身體會散發「費洛蒙」，一邊留下味道一邊前進啊。
喔，有大隻的蟲寶寶在哭泣呢。
那是螞蟻寶寶嗎？
太大隻了吧。
牠去呼朋引伴囉。
要把牠搬回巢裡耶。
難道是想吃掉牠!?

好可憐喔！
快去救牠。
可是牠已經被帶回巢裡了。
我們用「縮小燈」潛入巢穴吧。
※逼近
不過螞蟻會乖乖聽我們的話嗎？
※噴
好恐怖，哦——
戴上「童話眼鏡」。
順便噴上與螞蟻相同的味道。
プシュ
這樣牠們就應該會把我們當成同伴吧。

科學入門魔法環Q&A

Q 在近代之前，與科學分類為同一學問的是哪一個？①文學 ②心理學 ③哲學

※碰、碰
チョイ チョイ
來，請進。
簡直就像迷宮一樣。
蟲寶寶會在哪裡呢？
蟻卵的房間。
這裡在工事中。
你們在幹嘛？
沒事……
牠在看我們耶。
牠們起疑了嗎？

A ③哲學。科學是研究自然現象的本質，哲學是思考事物的本質，直到近代之前，這兩者並無明確的區分。

從今天起，這裡就是你的房間喔。
吧噗吧噗。
乖乖，肚子餓了是嗎？
牠們好像在照顧牠耶。
我想起來了。
我在書上看過，
那是黑灰蝶的幼蟲。
牠讓大黑蟻飲用甜美的體液，作為扶養幼蟲的報酬。
成為蝴蝶後，就會飛到外面的世界了。
那就不需要擔心囉。
咦……
回去的路是哪一條？

科學入門魔法環Q&A

Q 小學一、二年級的生活課程也與科學有關。這是真的嗎？

A

真的。藉著觀察大自然與飼養生物，培養基本的科學見解與思維。

就是他們，一直走來走去行跡很可疑。
不好了，快逃!!
哎呀，歡迎光臨。
我的恩人。
你記得我嗎？
當然。
多虧了你，我才能建立如此雄偉的王國。
這該不會是毛毛蟲做的丸子吧？
請放心。
這是用橡果蜂蜜做成的蛋糕。

Q 所謂的「STEAM教育」是指學習更專業的科學。這是真的嗎？

要努力建立更大的王國喔。
好好玩喔。
不管怎麼看都看不膩耶。
※唧唧唧唧
他總算看膩了。
做事三分鐘熱度的大雄，居然會對一件事這麼熱衷真是不可思議。
什麼不可思議？
沒事。

A 不是。「STEAM教育」是跨學科綜合學習科學、科技、工程、藝術、數學這五大科目。

傍晚好熱喔。
對了！
我去年的這時候也發現一隻飛蟻。
借我播放鏡！
你總算想起來啦？
啊……

王子跟公主誕生了。
接下來牠們會為了建立新王國而踏上旅程。
那幾個小不點嗎？
大家都長大了啊，而且開始各自養育自己的子孫……
你也是一樣喔，
人不可能一輩子都不長大的。
你可要振作點!!
來寫作業好了。

認識學校教的基礎科學

科學是什麼？

經過觀察和實驗證明的知識整理成定律後供人學習，這門學問就稱為科學，而且不同的研究對象，還可更進一步分為不同的領域。

學校教的理科，是以自然科學涵蓋所有的科學，本書所謂的科學也包含自然科學。

「科學」有很多類型

類型	內容
自然科學	物理學、生物學、化學、天文學等
社會科學	社會學、法學、政治學、經濟學等
人文科學	文學、哲學、宗教學、心理學等
其他科學	

自然科學是什麼樣的學問？

自然科學是在探究非人為、大自然創造的所有物質與現象，是以何種原理架構成立的學問。最具代表性的領域包括了物理學、化學、天文學、地球科學、生物學等。

而更進一步的利用這些學問帶給人類更優質生活的醫學、農學、工程學等，也劃分在自然科學中，亦可稱為科技。

研究對象是自然界的物質與現象

插圖／加藤貴夫

科學是運用什麼方式進行研究

插圖／佐藤諭

首先，先觀察各種物質與現象，找出疑問以及必須解決的問題。然後，提出答案的假說，預測假設正確時會發生的狀況。接下來，最重要的是透過實驗和觀察，檢驗假設是否與預測相符。不以個人偏見做出結論，而是根據人人都能接受的客觀事實揭曉的答案。

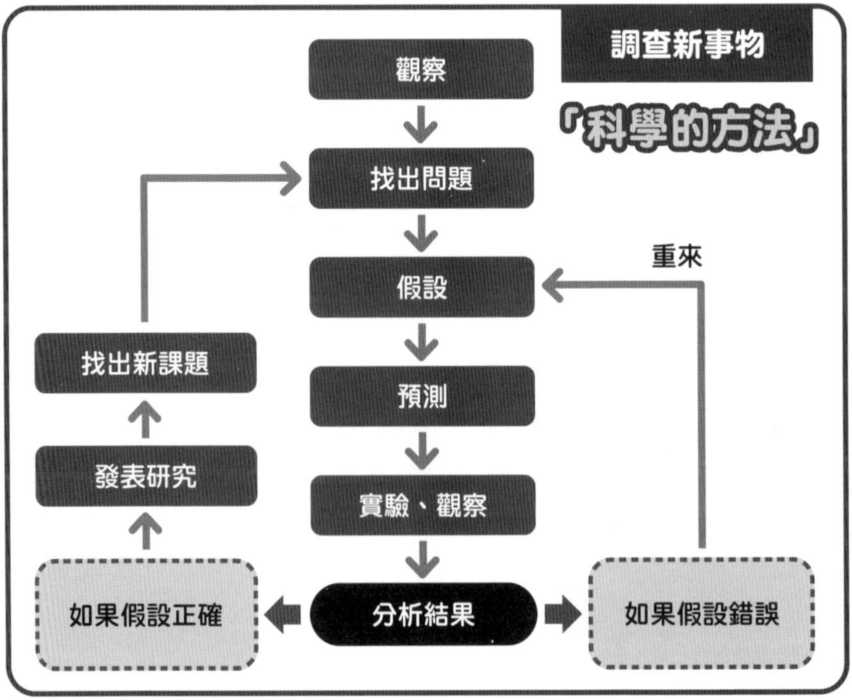

科學研究必須具備

觀察

仔細觀察自然界的生物、植物、現象等，記錄其狀態和發生的變化。

實驗

擬定具體的日的，設定條件和環境，實際測試理論或假設是否正確。

數理

思考由觀察和實驗找出的真相時，需要利用數學公式和理論歸納出定律。

插圖／佐藤諭

法蘭西斯・培根

主張實驗重要性的近代科學創始者

1561-1626年

人類自古以來就不斷嘗試利用科學來揭開自然現象的本質，但是科學的探究方法，與同樣思考事物本質的「哲學」，並無明確的區分。

在這樣的時代背景下，近代英國哲學家、科學家法蘭西斯・培根想出「歸納法」，主張應該透過觀察和實驗從揭開的真相中導出定律，而不是根據個人的想法和偏見。

相反的，根據定律從事物推導出結論的方式則稱為「演繹法」。有了這樣的思考方式做為基礎，「科學」於是發展成有別於「哲學」的、合乎邏輯的學問。

何謂歸納法？

真相　真相　真相
↓
找出共同點
↓
導出結論（定律）

插圖／杉山真理

小學的科學課程範例

橡皮筋風扇船　小3自然

【學習內容】
驅動物體的力量

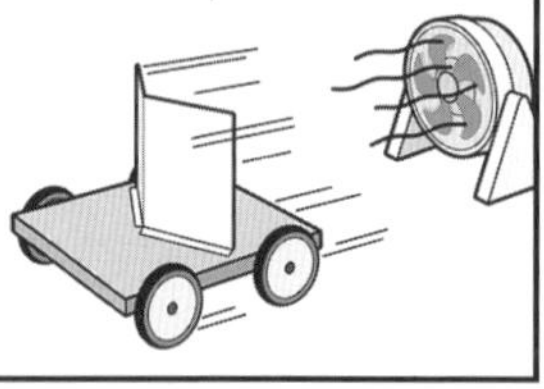

我們的身體與運動　小4健康

【學習內容】
人體構造和運動方式

電磁鐵的性質　小6自然

【學習內容】
電流的作用

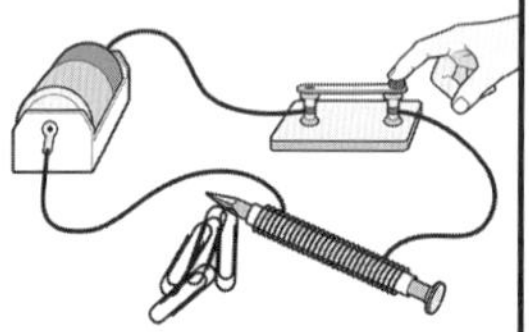

物質的燃燒　小5自然

【學習內容】
物質燃燒時的空氣變化

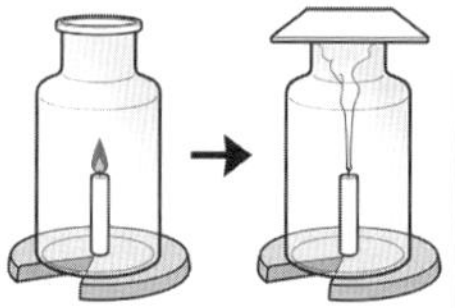

插圖／加藤貴夫

首先，在小學一、二年級的生活課程中體驗自然觀察等，養成基本的科學觀念與思考方法；接著從小學三年級開始，在自然課的「物質、能源」與「生物、地球」領域，藉由觀察與實驗，深入探索科學知識。而在進入國中後會學得更專業。

此外，科學研究上會用到數學定理，因此學習數學與數學的基礎「算術」，對於加深科學知識相當重要。小學的美勞課、國中的工藝課、家政課、健康體育課也都與科學有關。

科學與其他學科結合的STEAM教育（跨學科教育）

串連在科學、科技、工程、藝術、數學等各個學科學到的內容，發展出找出問題、解決問題的能力。其主要目的在於，培養未來科技社會所需要的人才。

Science	科學
Technology	科技
Engineering	工程
Art	藝術
Mathematics	數學

人物

變成測量單位的科學家們

艾薩克・牛頓

單位 N：牛頓…力的單位

1642-1727年

英國科學家。看到蘋果從樹上掉下，發現所有物質會相互吸引的「萬有引力定律」。

布萊茲・帕斯卡

單位 Pa：帕斯卡…壓力的單位

1623-1662年

法國科學家。發表「帕斯卡原理」，解釋壓力在密閉容器內的傳遞方式。也曾留下「人是一根會思考的蘆葦」這句名言。

詹姆士・瓦特

單位 W：瓦特…電功率的單位

1736-1819年

英國發明家。蒸汽機把蒸氣熱能轉換成動能，瓦特將蒸汽機改良得更有效率，也間接促成工業革命的發展。

克耳文男爵威廉・湯姆森

單位 K：克耳文…絕對溫度的單位

1824-1907年

英國物理學家。發表「克耳文表述」（熱力學第二定律），認為並非所有「熱」都能全部轉換成「功」。更進步從熱力學定律定義了絕對溫度。

詹姆士・焦耳

單位 J：焦耳…能量、熱量、功的單位

1818-1889年

英國物理學家。進行了各種實驗後測量出相當於1cal（卡路里）熱量的「功」，約等於四點二焦耳。

海因里希・赫茲

單位 Hz：赫茲…波動頻率的單位

1857-1894年

德國物理學家。證明了其他物理學家預測的電磁波確實存在。後世的科學家研究赫茲的發現，發展出無線通訊技術。

插圖／杉山真理

逆重力腰帯

預備……
※喀喳
開始!!
カチ
※啪
パッ
※爬、爬、爬
スル
スル
スル
爬到頂端了——
二分十六秒！不錯喔，只比我慢九秒。

再來換大雄了。
咦？我不會爬樹啦……
爬樹這種事只要肯做就會啦。
你是男人吧，上啊！
先、先等我一下……
我去廁所……
快點回來喔。
敢逃跑小心我揍你！
他一定不會回來的。
這樣就可以揍他了。
誰要回去啊!!
可是之後怎麼辦……
你怎麼苦著一張臉啊？
啊？我沒有爬樹的道具啦。

科學入門魔法環Q&A

Q 光在太空中每秒鐘大約前進幾公里？①三十 ②三千 ③三十萬公里

果然……算了，我暫時不出門就沒事了……
我雖然沒有爬樹道具，
不過我有「逆重力腰帶」。
反轉重力就可以從低往高處掉落，
換言之你可以瞬間登上大樹喔……
你說……
轉動開關？
クル
※轉
ドシーン
ビュッ
※咚、咻
我下不來耶。
把開關調回來啊！
ドタ
※咚噠
用點頭腦嘛。

A ③大約三十萬公里。光的速度是每秒二十九萬九千七百九十二點四百五十八公里，相當於一秒就能夠繞行地球七圈半。

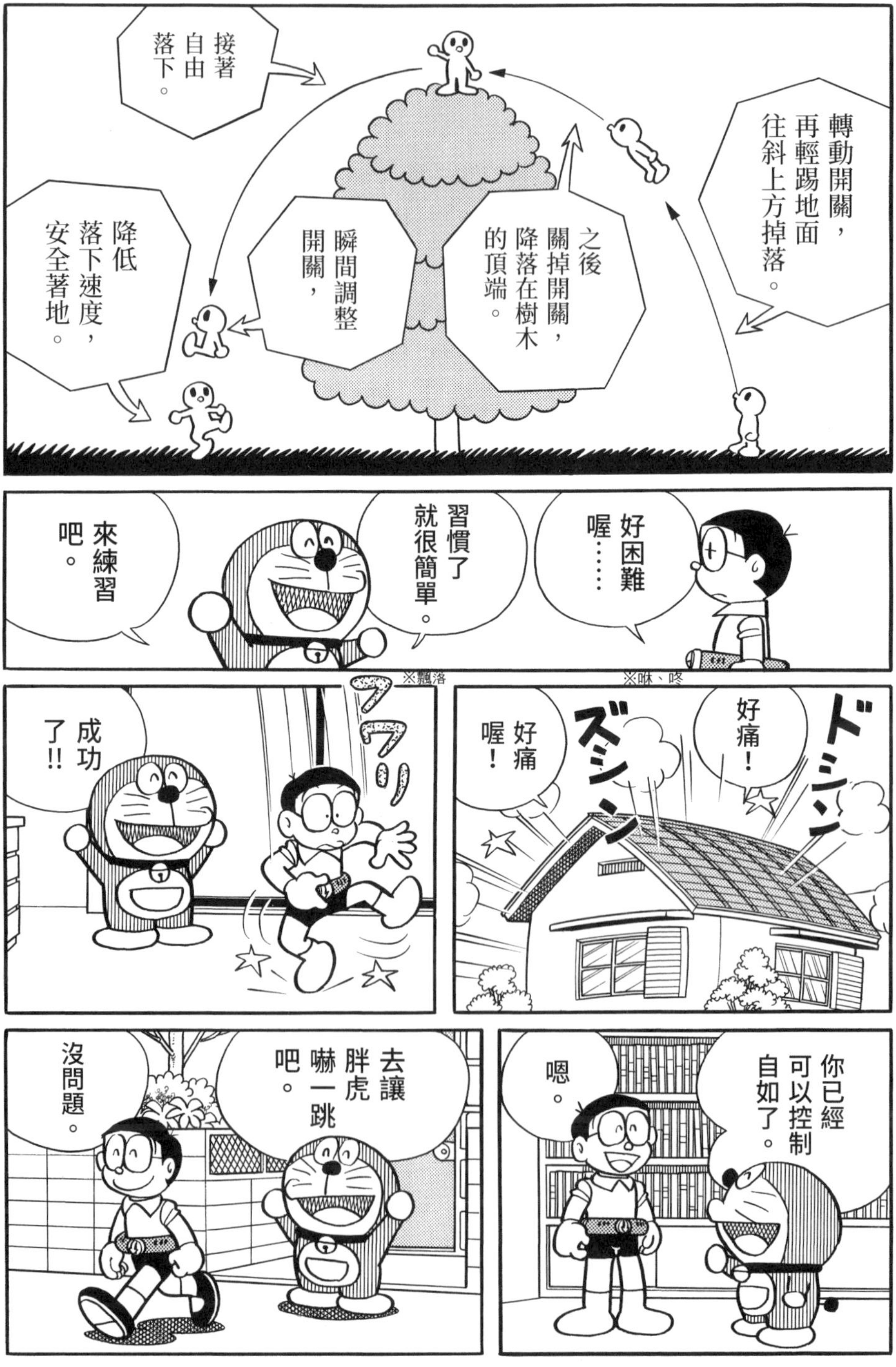
轉動開關，再輕踢地面往斜上方掉落。
之後關掉開關，降落在樹木的頂端。
接著自由落下。
瞬間調整開關，
降低落下速度，安全著地。
好困難喔……
習慣了就很簡單。
來練習吧。
※咻、咚
ドシン
好痛！
ズシン
好痛喔！
※飄落
フワリ
成功了!!
你已經可以控制自如了。
嗯。
去讓胖虎嚇一跳吧。
沒問題。

科學入門魔法環Q&A

Q 我們能夠聽到聲音是因為什麼？①空氣膨脹 ②空氣振動 ③空氣消失

A
②空氣振動。發出聲音的物體振動空氣等物質變成波，所以聲音在沒有空氣的太空中無法傳遞。

咦？沒人在……
竟敢耍我！虧我練習了這麼久!!
咦？你要表演爬樹？
好啊！我們就看你爬。
快點爬啊！
你們看！
看啊，我上來了，總共花幾秒啊？
咦？太誇張了吧!!
什麼啊？

怎麼可能這麼快？
他明明是運動白痴啊。
我才不會輸呢!!
我也是!!
※跳
※轉
クル
※著陸
ストッ
好痛快喔。
那就好。
對了，可以再借我一條腰帶嗎？
一定要讓靜香體驗這種感覺。
感覺好恐怖喔！
不會恐怖啦，你要相信我啊。

科學入門魔法環Q&A

Q 杯子裝水放在秤上，插入手指後，刻度會有什麼變化？①不變 ②增加 ③減少

A ②增加。手指承受水的浮力（向上的力），同時也對水施加向下的力，因此水會變重（作用力與反作用力定律）。

將開關轉一百八十度。
這樣嗎？
冷靜一點！
呀啊－
現在快把開關轉回去！
有點可怕，但很有趣。
習慣以後，還可以用開關進行各種飛行。
靜香變得比我還厲害了。

啊!!
大雄又用道具使詐!!
靜香，要怎麼樣才能像你那樣飛行啊？
大雄要掉下來了。
※咻
先把開關往上調。
這樣嗎？
ビュウ
咦？
我還沒有教他怎麼降落耶。

科學入門魔法環Q&A

Q 平常可見的一般海浪是什麼造成？①太陽 ②地震 ③風

大事不好了!!
這樣胖虎會飛到太空啊!!
已經來不及了吧。應該已經飛到平流層因為缺氧窒息死掉了。
騙你的啦。
腰帶上有安全裝置。
會自動停在一千公尺高的地方。

A ③風。一般海浪是風吹過海上造成。（太陽的引力會造成海水張潮與退潮，地震則會引發海嘯。）

輕重燈

※撞
ドーン
※倒地
怎樣都贏不了胖虎呢！
ペタ
這次換你當我的對手。
我、我不用了。
你敢說不要!?
我玩。
※撞
ドーン
咦？
大雄不見了。
居然飛到那裡去。
這傢伙跟紙屑一樣輕。

Q 羽毛和蘋果在真空空間中同時落下時，何者會先著地？ ①蘋果 ②羽毛 ③同時

說我是紙屑……
真想變得重一點。
明明要吃午飯了，跑到哪裡鬼混了啊？
不趕快吃飯，
我沒辦法收拾。
媽媽你不吃飯嗎？
不用你多管閒事。
媽媽心情不好喔。
不知道耶，最近都這樣。
討厭！
又多了一公斤。
連晚飯也不能吃了。
我懂了！媽媽覺得自己太胖了，所以才不吃飯。
因為肚子餓所以脾氣暴躁。
「輕重燈」。

A

③同時。真空環境沒有空氣阻力，所以無論任何重量的物體，都是以相同速度墜落。

調到減輕兩公斤。
※照射
ピカ
不管量幾次……
啊！少了兩公斤耶!!
吃飯吧！
※照射
這個可以減輕體重？
只要把刻度往反方向調整，也可以增加重量。
※搖搖晃晃
ピカ
唔……
好重、好重。
ヨロヨロ
ズッシーン
快被壓扁了！
※重壓
借我玩。

好重喔。
※照射
我幫你弄輕一點。
太輕了。
金絲雀逃走了。
嗯，包在我身上。
ピカ
※照射
メキメキ
※往下沉
※颯、啪唧、啪唧

科學入門魔法環Q&A

Q 月球的重力（引力）與地球相比大約多少？①約六分之一 ②一樣 ③約六倍

※啪搭、啪搭
放回籠子以後，再把牠變輕。
バタバタ
你要把倒下的樹恢復原狀啊。
拜託你囉。
對了！
把我自己變重……
?
安岡医院
什麼？還想再比一次？
這次我一定會贏。
※撞
怎、怎麼可能……

A ①約六分之一。天體的質量（重量）越人，重力也就越大。月球比地球輕，所以重力比較小。

什麼？他用這麼卑鄙的手段？
我也要變重，把你壓扁。
胖虎，不要再照下去了啦。
變得越重越好。
ズブ
ズブズブ
ズブズブ
※沉入
哇啊！陷下去了!!救命啊!!

「物理學」是探索大自然定律的學問

想了解整個自然界

各位有沒有聽過「物理學」？

這一門學問聽起來很困難，其實是為了深入了解我們日常生活中發生的自然現象「究竟是怎麼回事？」、「為什麼會這樣動？」等，進行觀察和實驗，找出可以套用在萬事萬物上的定律。

各位在小學的「自然科學課」，課程中學到的內容，也都是物理學的基礎喔。

小學教的「物理學」

三年級： 橡皮筋風扇船的作用、磁鐵的特性

四年級： 電流的作用、光的特性、電路的概念

五年級： 聲音的特性、鐘擺運動

六年級： 槓桿原理、電的應用、電流製造的磁力等

主要研究對象是運動與能量

具體來說，「運動」（力學）與「能量」是物理學的主要研究對象。「運動」是指物質隨時間改變位置。運動的量可以用變位（變化的位置）、速度（位置變化的方向與大小），以及加速度（因時間而改變的速度）等來表示。除此之外，光、電、熱、聲音、磁力、原子和原子核、基本粒子、重力與空間等，所有科學的基礎研究也都在進行當中。

▼伽利略進行的實驗是扔下一大一小兩顆球，比較掉落的時間與速度。

插圖／杉山真理

麥可・法拉第

揭開「電」與「磁力」的關係

1791-1867年

英國物理學家、化學家。他發現當強力磁鐵在線圈附近移動，線圈內會產生電流，隨後，他進一步發現磁場的變化會產生電流，相反的，電流的變化也會產生變化的磁場，這種現象稱為「電磁感應」，是發電機的運作原理。這項發現奠定了持續發電的基礎。

▲諾貝爾獎得主吉野彰博士，最愛閱讀收錄了法拉第演講內容的《法拉第的蠟燭科學》（台灣商務出版）。

插圖／杉山真理

亞伯特・愛因斯坦

提出革新物理學史的「相對論」

1879-1955年

出生於德國的物理學家，他提出一種全新的思考方式，認為質量與能量本質上是相同的，且時間和空間會隨著觀測者的相對移動速度而產生變化，這一項理論被稱為「相對論」。這項理論被視為是科學上的重大突破，至今仍然是物理學研究的重要基礎。

▲愛因斯坦的著名公式。E是能量，m是質量，c是光速，這個公式表示質量和能量是等價。

插圖／杉山真理

瑪麗・居禮

首位女性諾貝爾獎得主

1867-1934年

出生於波蘭的法國物理學家、化學家。她與丈夫皮耶・居禮一起共同研究放射線，並且發現了兩種新的放射性元素「釙」和「鐳」。憑藉這項發現，她於一九〇三年成為首位獲頒諾貝爾物理學獎的女性，並於一九一一年得到諾貝爾化學獎。

▶正在做研究的瑪麗和皮耶兩人。

讓人遺憾的是，她最終卻因長期接觸放射線造成的傷害而病逝。

插圖／杉山真理

小柴昌俊、梶田隆章

觀測微中子

小柴昌郡博士打造出「神岡探測器」，用來觀察基本粒子「微中子」，達成全球首次從太陽以外的天體觀測微中子。

1926-2020年

1959年～

梶田博士可以稱為是小柴博士的徒弟，他證明了微中子具有質量。

小柴博士與梶田博士分別於二〇〇二年、二〇一五年獲得諾貝爾物理學獎。

插圖／杉山真理

何謂微中子？

將物質不斷分割，直到無法再被切割得更小，最終得到的就是物質的最小單位「基本粒子」。微中子是基本粒子之一，但因為體積極小且質量極輕，很難被觀測。我們人類每秒鐘會承受百兆顆來自太陽的微中子，但這些微中子與人體內的微小粒子發生碰撞的機率非常低，一個人一生中可能只會遇到一次。

▲微中子無時無刻都在穿越人體！

插圖／杉山真理

物理學的知識 1

萬物遵循三大運動定律！

力的作用使物體移動

踢中的球飛出去、撞到牆壁後反彈回來，這顆球在這樣的動態過程中囊括了三個重要的運動定律，而且這三個運動定律可以套用在所有物體的運動上。

三大運動定律

❶牛頓第一運動定律（慣性定律）

原本靜止的物體持續靜止，正在移動的物體持續等速直線前進。

❷牛頓第二運動定律（運動定律）

力作用在物體（例如球）上，物體開始加速移動。力越大，加速度也越大，物體越重越難加速。

❸牛頓第三運動定律（作用力與反作用力定律）

物體在受到撞擊時，其運動的方向會發生改變。當一個力作用於物體上，物體也會對施力方產生大小相等、方向相反的反作用力。

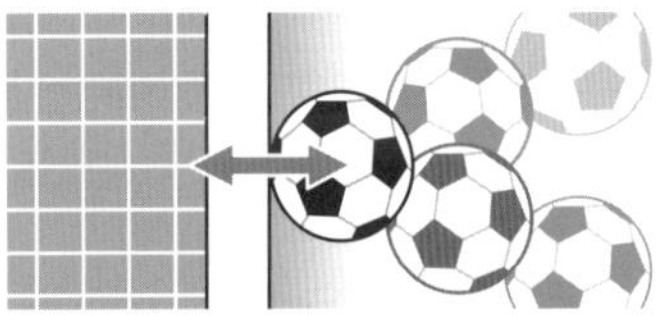

插圖／倉本秀樹

艾薩克．牛頓

發現三大運動定律與萬有引力定律

英國數學家、物理學家，及天文學家。他發現了三大運動定律，並提出所有物體間會因自身的質量而相互吸引的「萬有引力定律」。此外，他也研究了拆解陽光顏色的「分光學」，以及用於求面積的數學方法——微積分。

1642-1727年

插圖／杉山真理

物理學的知識 2

月球不斷在朝地球落下？

順著地球的圓弧，所以不會掉落

假如沒有地球引力，環繞地球運行的月球將會依據慣性定律，沿直線方向飛離地球，飛向宇宙深處。然而，月球實際上受到地球引力持續作用，導致運動方向不斷改變。換句話說，月球實際上是在不斷「墜向」地球。

人造衛星的運行原理也是相同的。以投擲棒球為例，投出去的球會受到地球引力作用而墜落地面。但如果投擲的速度夠快，拋出去的球在向前運動的同時，也會因地球引力而不斷「墜落」，形成彎曲的軌跡。如果速度高達一定程度，棒球將會繞行地球，而不會墜回地面。在不考慮空氣阻力的條件下，這個速度大約為每秒七點九公里。因此，人造衛星必須被發射至高空，並達到足夠的初始速度，才能克服大氣阻力並進入穩定的環繞軌道。否則，人造衛星將因為空氣阻力減速而墜落。

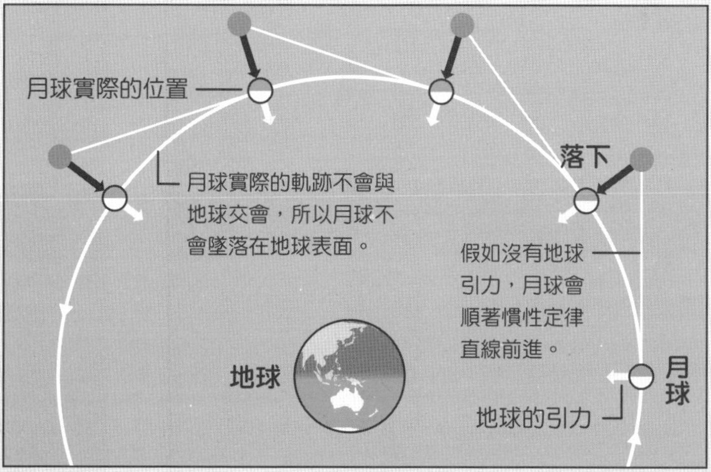
月球實際的位置
月球實際的軌跡不會與地球交會，所以月球不會墜落在地球表面。
落下
假如沒有地球引力，月球會順著慣性定律直線前進。
地球
月球
地球的引力

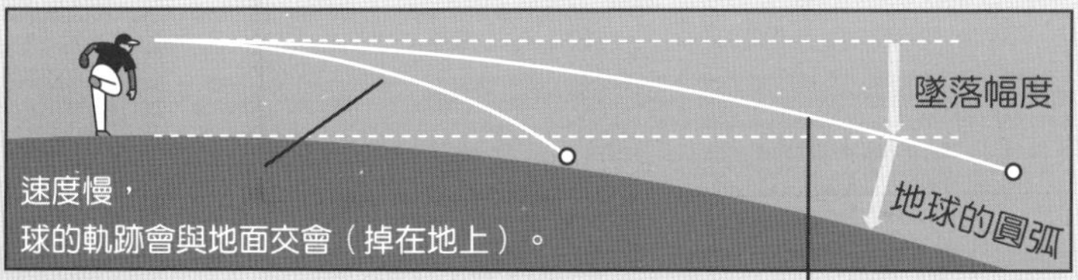
墜落幅度
速度慢，
球的軌跡會與地面交會（掉在地上）。
地球的圓弧

插圖／倉本秀樹

球墜落的幅度如果與地球的圓弧平行，軌跡就不會與地面交會（不會掉在地上）。

「時間」與「空間」會伸縮？

因人而異——相對論

上無聊的課時，會覺得每一分鐘都像一小時那麼長；但打電動時，即使玩了一小時，卻感覺才過了一分鐘，雖然這是心理渴望與否所造成，但也能類比為時間和空間並非絕對，而是會因觀測者的狀態而有所不同。

愛因斯坦基於「光速恆定原理」（意思是不管在哪裡測量，光速都不會改變）提出以下的現象：

〈沒有任何物體前進的速度能比光速更快〉

不論科技如何發達，物體移動的速度都無法超越光速。

〈物體在接近光速時，看起來會變短〉

靜止的人看到正在高速移動的物體時，會覺得該物體變短了。要清楚看到這種效應，必須是物體速度接近光速的時候。

〈時間在接近光速時，會變慢〉

相對於靜止的觀測者，高速運動物體的內部時間流淌會變慢。舉例來說，如果一艘太空船以接近光速的速度在太空中航行，在地球上觀察其經歷的時間會比在太空船上的時間長。

物體的運動速度越接近光速，時間過得越慢。這就是所謂的相對論。
？

出自：《哆啦Ａ夢》短篇集第 25 集 144 頁〈龍宮城裡的八天〉

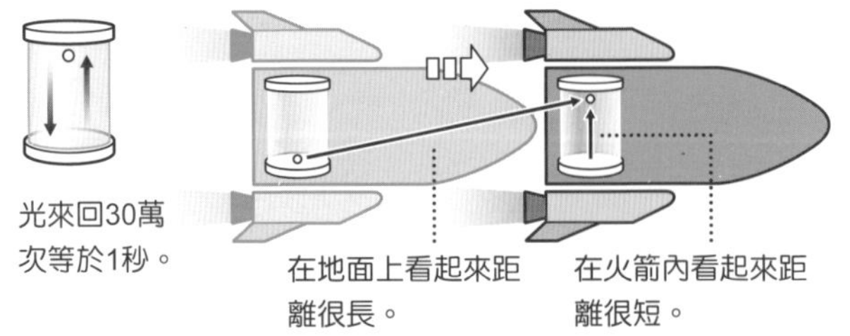
光來回30萬次等於1秒。
在地面上看起來距離很長。
在火箭內看起來距離很短。

▲讓高速飛行的火箭搭載光鐘，鐘的圓筒上下裝著鏡子，測量光來回移動的狀態，就會發現光必須前進的距離比在地面靜止時更長，而且時間會過得越慢而比 1 秒長。

插圖／倉本秀樹

型態轉換錠

好熱喔……
快躲進涼爽的房間去……
熱死了。
躺下來睡午覺。
※癱軟
ペタ
※趴喳
ポチャ
喂，不要亂扔東西進來啦！
ムク
ムク
※晃、晃
人家特地變成液體，睡得正舒服耶……
液體？

Q 「水」是由哪兩種元素組成？①氫和碳 ②氫和氧 ③氧和碳

A
②氫和氧。水是由兩個氫原子和一個氧原子所組成，重量的比例固定是氫1對氧8。

※搖搖晃晃

沒錯，比方說變成像水的狀態。
チャプン
チャプン
所以只要一躺下，就會變成一攤水漥。
很涼快喔。
咦？
真的可以改變到這種地步？
當然可以。
那根冰棒現在是硬梆梆的固體吧？可是……
融化就變液體了。
融化的水一旦蒸發，會變成氣體。
「型態轉換錠」。
只要吃一顆就會變成液體，吃兩顆變氣體。
SANTAIN
一小時就會恢復了。
SANTAIN
我吃看看。
嗯……
感覺身體變得水水的了。
SANTAIN

※晃動

※搖搖晃晃
啊哈哈，好好玩喔。
チャポ
チャポ
走路小心點，否則會弄溼一地的。
※啪刷、啪刷
去嚇嚇媽媽。
※滑
※啪刷、啪刷
バシャ
バシャ
哇啊！
※刷啪
走廊弄得溼答答的。
給我擦乾淨!!
※擰乾
ジャア
身體好像變輕了。
被地板吸走了一點點。

科學入門魔法環Q&A

Q 鐵的元素符號是下列何者？
① Mg
② Al
③ Fe

太危險了，以後不借你道具了。
因為是液體才危險。
再吃一顆變氣體。
不行。
フワ
※飄～
這個好耶！好像雲喔。
スウ
※吸
如果被風吹散的話，就無法恢復原狀囉！
今天沒有風。

A ③ Fe。來自拉丁文的「ferrum」，表示鐵的意思。元素符號多半是出自拉丁文，以一至兩個字母代表。

※穿過
ボゴッ
很危險耶！
還好我變成氣體，不然就受傷了。
原來是大雄啊。
不要傻傻的在那裡飄，把球還我！
你居然丟到神成先生家中！
給我下來!!
好。

科學入門魔法環Q&A

Q 與金屬生鏽有關的元素是哪一個？①氧 ②氫 ③碳

A

①氧。生鏽是指金屬碰到空氣中的氧與水分，發生氧化反應，變成其他物質。

臭大雄。
可惡的大雄。
奇怪……
好像在打空氣。
※集結成形
ムクムク
因為我是氣體，所以你碰不到。
我要回去了。
就說我是氣體了嘛～大笨蛋。

※關門
你以為擋得住煙嗎？
可惡～你究竟要糾纏我到什麼時候？
別放在心上。
喂，不要亂翻人家的房間。
你也藏了零分的考卷啊？
不要告訴我媽。
求求你。
原諒我。
胖虎向我低頭了。
啊～好爽喔。

科學入門魔法環Q&A

Q 原子序113由日本人發現的元素是什麼？①鉨 ②錸 ③鑭

※咻～
ビュウ
起風了!!
被吹散就無法恢復了。
快點躲起來!!
快過一個小時了。
恢復原狀後，我馬上離開。
你聽我解釋嘛！
我的解釋行不通。

A ①鉨。是由日本理化學研究所的研究小組人工合成的新元素，於二〇一六年定名。

揭開物質原理架構的「化學」

「化學」和「科學」有何不同？

「化學」與「科學」這兩個詞語看似相似，實際上並不相同。如四十一頁的說明，科學是對理科各領域的統稱，而化學則是其中的一個分支，主要研究物質的性質、結構與變化原理，並探討如何合成新物質。

插圖／佐藤諭

小學時會學到的「化學」

三年級：溶解、空氣與水的特性、溫度
五年級：空氣與燃燒、熱與物質
六年級：水溶液的性質、微生物與食物保存、金屬與生鏽

很久很久以前，人類學會用火之後，也學會了製造金屬工具，其中最具代表性的材料就是鐵。

但是，從大自然中開採的鐵砂通常已經氧化，呈現生鏽狀態，無法直接作為材料使用。但人類發現只要將其與木炭一起燃燒，就能去除鐵鏽，提煉出純鐵。古代的人雖然不明白其中的科學原理，但他們卻能夠從經驗中學習，把化學運用在生活中。

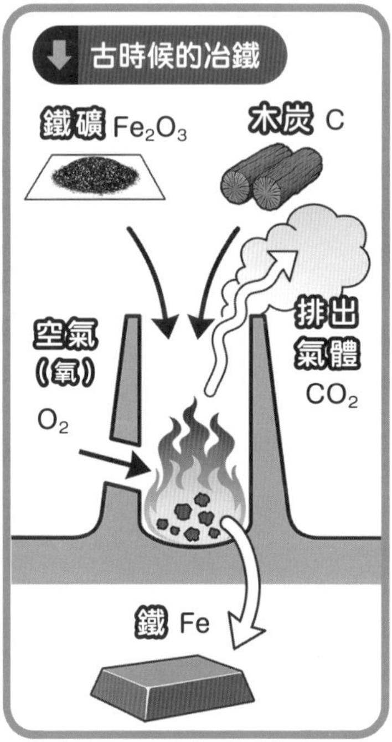

插圖／加藤貴夫

插圖／加藤貴夫

改變組合，就能創造新物質

物質最基本的組成單位就是「元素」。金屬元素包括鐵、銅、銀、金等，非金屬則有氫、碳、氧等，目前已知的元素總共有一百一十八種。此外，水不是元素，而是由氫和氧結合形成的化合物。由於氫和氧的單質肉眼看不見，儘管它們是生活中常見的元素，人類卻直到十八世紀才發現它們的存在。

在另一方面，碳的單質構成了木炭和煤炭，因此自古以來人類就已認識並廣泛利用碳及其與其他元素結合形成的各種物質。除了醣類、蛋白質等自然存在的有機物外，現代更利用碳作為石化產品（塑膠、合成纖維等）的原料，以人工方式製造出成千上萬種新物質。

鍊金術與化學

西方與中東地區的人們，有很長一段時間認為所有的物質均是由火、土、水，以及空氣組合而成。包含右頁介紹的冶鐵，人們相信物質能夠藉由火的力量轉變成其他金屬，所以有很多人都認為可以從鉛等金屬製造出珍貴的黃金。

▲從現代化學的角度來看，很明顯不可能成功的鍊金術，縱使沒能得到結果，鍊金術師的實驗卻帶來許多發現。

插圖／佐藤諭

改變世界的大發現！●撐起化學的人物

安托萬・拉瓦節

1743-1794年

發現「質量守恆定律」

十八世紀的歐洲認為物體燃燒會釋放出「燃素」，只剩下輕盈的灰燼。拉瓦節反覆進行實驗後發現，燃燒的物質會與空氣中的某種成分（後來命名為氧）結合，且燃燒前後所有物質的總值量維持不變，因此推翻了「燃素說」。

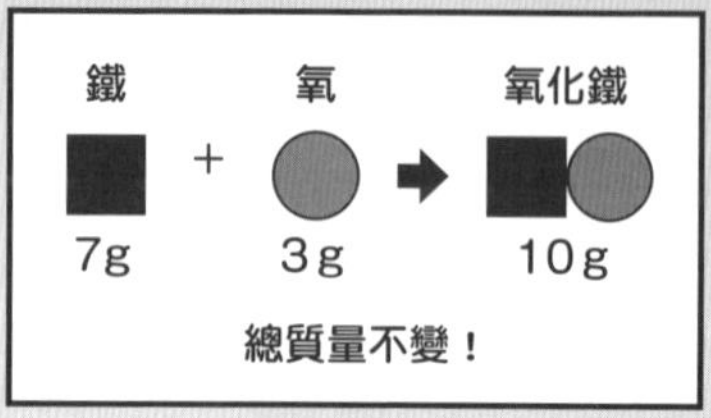

約翰・道爾頓

1766-1844年

發表「原子論」

提出「所有元素都是由特定質量的原子組成」以及「不同種類的原子結合時，會以簡單的整數比例結合」等原子論。道爾頓雖曾誤認水是由一個氫原子（H）和一個氧原子（O）結合而成（正確組成是兩個H和一個O），但他的原子論仍然大大促進了化學的發展。

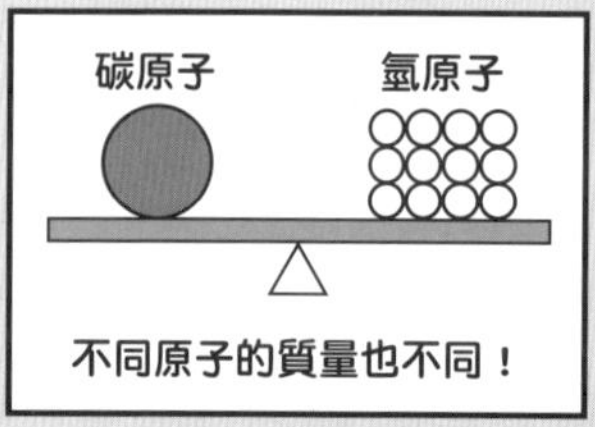

德米崔・門得列夫

1834-1907年

製作元素「週期表」

因一八六九年發表元素週期表而聞名。他按照原子量的大小順序排列當時已知的六十三種元素，發現性質相似的元素會週期性出現。週期表上有空白的部分，而且之後發現的元素正好符合那些空位，所以一般認為此表值得信賴。

插圖／杉山真理

★以最新化學知識為基礎的元素週期表請見 82～83 頁。

化學的知識 1

物質的三種型態

物質會隨著溫度的變化而呈現「氣體」、「液體」或「固體」三種狀態。最簡單的例子就是「水」，水是這個物質的液體狀態，加熱到攝氏一百度會變成氣體狀態，稱為「水蒸氣」；降溫到攝氏0度則會變成固體狀態，也就是「冰」（兩者都是在海拔0公尺、1大氣壓力的條件下）。

不同物質改變狀態的溫度各不相同。例如，鐵（常溫是固體）需加熱到攝氏一千五百三十八度的高溫才會熔化成液態，進一步升溫到攝氏兩千八百六十二度則會變成氣態。相反的，氧（常溫是氣體）冷卻到攝氏零下一百八十三度會變成液態，繼續降至攝氏零下兩百一十九度則會凝結為固態。

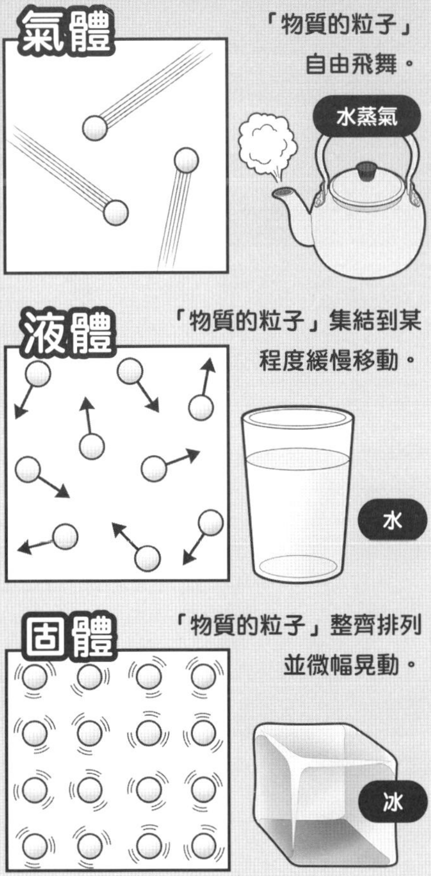

氣體
「物質的粒子」
自由飛舞。
水蒸氣
液體
「物質的粒子」集結到某
程度緩慢移動。
水
固體
「物質的粒子」整齊排列
並微幅晃動。
冰

插圖／加藤貴夫

用海水製「水」

收集冷凝水
煮沸海水

水會在遠比鹽更低的溫度沸騰，產生的水蒸氣不含鹽，只要把水蒸氣的氣體冷凝成液體，就能夠取出純水。

插圖／加藤貴夫

所有物質都是由原子集結而成

物質的最小基本單位是「原子」，而原子的種類決定了物質的化學性質。單個氫原子的大小約為一億分之一公分，非常微小。當兩個或多個原子相互結合時，便形成「分子」。

插圖／加藤貴夫

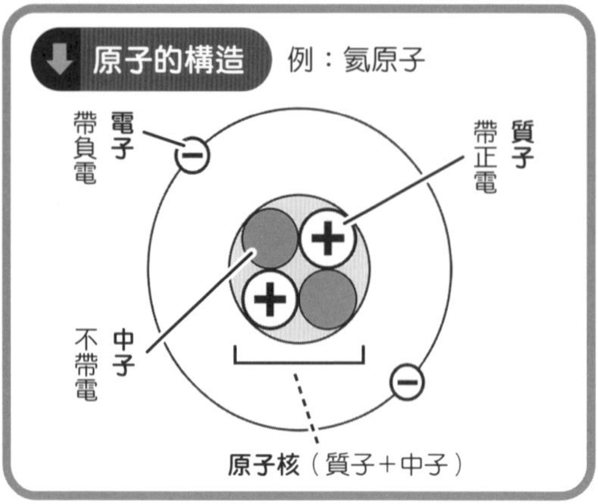

舉例來說，在自然的狀態下，氫和氧分別以兩個原子組成的氫分子（H_2）和氧分子（O_2）的形式存在。這兩種元素在光或熱等條件下發生化學反應時，會形成性質截然不同的水分子（H_2O），其結構包含兩個氫原子與一個氧原子。

12	13	14	15	16	17	18
						2 He 氦
	5 B 硼	6 C 碳	7 N 氮	8 O 氧	9 F 氟	10 Ne 氖
	13 Al 鋁	14 Si 矽	15 P 磷	16 S 硫	17 Cl 氯	18 Ar 氬
30 Zn 鋅	31 Ga 鎵	32 Ge 鍺	33 As 砷	34 Se 硒	35 Br 溴	36 Kr 氪
48 Cd 鎘	49 In 銦	50 Sn 錫	51 Sb 銻	52 Te 碲	53 I 碘	54 Xe 氙
80 Hg 汞	81 Tl 鉈	82 Pb 鉛	83 Bi 鉍	84 Po 釙	85 At 砈	86 Rn 氡
112 Cn 鎶	113 Nh 鉨	114 Fl 鈇	115 Mc 鏌	116 Lv 鉝	117 Ts 鿬	118 Og 鿫

元素「週期表」

元素的種類是由原子核內的質子數量（即原子序）決定的。這一張表中，同一縱列（直排）的元素通常化學性質相似，例如：最左側縱列的元素（不含氫）被稱為「鹼金屬」，共同特徵是遇到水會劇烈反應並產生氫氣。

※1：鑭等 15 個元素（原子序 57 ～ 71）
※2：錒等 15 個元素（原子序 89 ～ 103）

插圖／佐藤諭

遇到氧就會起化學變化的日常用品

物體起火、金屬生鏽，都是物質與氧結合所產生的化學變化，稱為「氧化」。物體起火的現象也稱為「燃燒」，亦即物質在短時間內迅速與氧結合並釋放出光與熱。相反的例子是七十八頁所提到的冶鐵，從已經氧化的物質去除氧，這種化學反應稱為「氧化還原」。

拋棄式暖暖包的原理

鐵接觸到空氣中的氧氣，在生鏽的同時釋放熱。

拋棄式暖暖包就是利用這些原理的典型產品。暖暖包發熱的原理是包裝內的鐵粉與空氣中的氧氣發生氧化反應，進而釋放熱能。

原子序 → 1　H ← 元素符號　氫 ← 元素名稱

	1	2	3	4	5	6	7	8	9	10	11
1	1 H 氫										
2	3 Li 鋰	4 Be 鈹									
3	11 Na 鈉	12 Mg 鎂									
4	19 K 鉀	20 Ca 鈣	21 Sc 鈧	22 Ti 鈦	23 V 釩	24 Cr 鉻	25 Mn 錳	26 Fe 鐵	27 Co 鈷	28 Ni 鎳	29 Cu 銅
5	37 Rb 銣	38 Sr 鍶	39 Y 釔	40 Zr 鋯	41 Nb 鈮	42 Mo 鉬	43 Tc 鎝	44 Ru 釕	45 Rh 銠	46 Pd 鈀	47 Ag 銀
6	55 Cs 銫	56 Ba 鋇	※1	72 Hf 鉿	73 Ta 鉭	74 W 鎢	75 Re 錸	76 Os 鋨	77 Ir 銥	78 Pt 鉑	79 Au 金
7	87 Fr 鍅	88 Ra 鐳	※2	104 Rf 鑪	105 Db 𨧀	106 Sg 𨭎	107 Bh 𨨏	108 Hs 𨭆	109 Mt 䥑	110 Ds 鐽	111 Rg 錀

夜晚的天空星光閃爍

一到了夜晚，我走出山中小屋，突然嚇了一大跳。
整片天空都是星星!!
從這邊到那邊，到處都充滿了星星!!
星空我平常就在看啊！
你這個笨蛋!!
那跟你所看到的星空感覺完全不同!!
現在的大都市，天空都太亮，所以只能看到零星的幾顆大星星而已。
嗯～對呀！
我曾在夏威夷海邊的遊艇上眺望過星空，那一幕我永遠也忘不了。
你說什麼？山上看到的星星比海邊還多，
因為那裡離天空比較近。

我知道啦！胖虎是第一名，我是第二名。
你知道就好。
在城市裡只能看到稀少星星的傢伙，你不覺得真的很可憐嗎？
被他們這麼一說，我突然覺得自己變得很可憐……
啊！我好想看看真正的星空喔！
真老實的小孩……
那麼，我們就在附近製造星星吧！
製造星星!?
「摘星網和榔頭」。
先去捉星星吧！
？
你試著用力用榔頭敲水泥塊看看，

科學入門魔法環Q&A

Q 太陽系有幾顆行星？①七顆 ②八顆 ③九顆

※喀鏘
※颯～
※刷
抓到三個了。
啊！
變得越來越圓了。
先測試看看。
用「空間黏著劑」……
把窗簾拉上。
哇啊！好漂亮喔……
不過，在這裡製造星空，空間太小了。

A ②八顆。分別是水星、金星、地球、火星、木星、土星、天王星、海王星。

今天的夜空似乎很陰暗的樣子，我們到空地去製造星空吧！
必須要收集很多星星才可以。
チンカン
チンカン
※鏘、鏘
到空地去！
先參考星座圖……
那邊是英仙座……
再往左邊一點……
它的隔壁是二等星，所以要放大顆的星星。
零碎的星星等一下留著做銀河的時候用。

科學入門魔法環Q&A

Q 下列何者是亮度最高的星等？①百等星 ②十等星 ③一等星

A

③一等星。以等級表示星體亮度時，等級數字越小代表星體越亮。

從那邊往東南前進，來做御夫座吧！
啊！那是一等星，所以要用更大顆的星星才可以。
那是二等星。
沒有更大顆的星星嗎？
煩死人了!! 意見這麼多，你自己找給我啊!!
沒有適合的。
你敲擊的方式太弱了，要再用力一點才能捕捉到大顆的星星。
喝啊!!
※匡
再用力點好不好？
啊～還要啊!?
※鏘鏘鏘
還是太小了。
我的手已經麻了！

先休息一下吧！
靜香。
今晚我會讓你看到很棒的星空喔！
胖虎說的情景根本不成問題。
你說什麼不成問題啊？
嗯!?
※拳打腳踢
ドカ
※颯、颯
サッ
サッ
真開心！我捕捉到一等星了。
那等天色暗了，你就到空地來吧！

科學入門魔法環Q&A

Q 土星環的主要成分是下列何者？①石 ②鐵 ③冰

A ③冰。由幾公分到幾公尺大小的冰粒組成細環，圍繞土星旋轉。

太好了，這樣一來跟從地球上看到的星星一模一樣了。
剩下的零碎小星星，你就隨便撒一撒，把它變成銀河吧！
怎麼樣？
我想在外太空看到的星空，一定是像這樣的感覺吧！
我第一次看到這樣的星空。
好漂亮喔……
怎麼樣？比夏威夷海邊看到的更棒吧！
胖虎！
什麼？星光閃閃的星空!?
大雄那傢伙竟敢那麼囂張!!

看我把星星打下來。
啊！有流星。
※王、王
好痛喔!!
救命啊～
※王、王、王
那個星星是很用力敲水泥塊才產生出來的，所以累積了很多能量。

透過「天文學（太空科學）」認識宇宙

與人類生活息息相關的天文學

天文學是一門觀測宇宙及其天體，並且試圖揭開其形成與演化原理的學問，可以說是人類歷史上最古老的學問之一。

自古以來，人類觀察懸浮在空中的太陽、月亮和星星（星座）等天體所散發出的光芒，來辨識方位、季節與時間，並將這些知識應用在農耕等活動，進而繪製出地圖、制定曆法。

插圖／杉山真理

來自太空各式各樣的資訊

過去，人類主要是仰賴觀察肉眼可見的光來探索宇宙。隨著科技發展，現代天文學的主流已轉向「多元信使天文學」（Multi-messenger astronomy）。也就是透過觀測電磁波（如X射線、無線電波等）、宇宙射線、二十世紀發現的微中子，以及重力波等多種宇宙訊息，再將這些觀測數據進行整合、分析與研究。

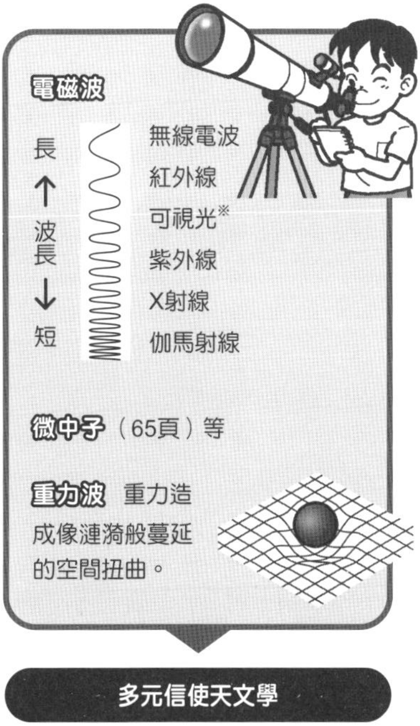

※意思是肉眼可見的光，在過去是主要的觀測對象。

插圖／加藤貴夫、杉山真理

「日心說」與「地心說」

～天文學的典範轉移

古希臘哲學家亞里斯多德認為「天體是以地球為中心進行圓周運動」。托勒密則是進一步提出「地心說」，並利用觀測數據，以及本輪與均輪（行星的逆行現象）來加以說明。他們主張的「地心說」，直到十七世紀都是西歐中世紀時期的宇宙觀。

十六世紀，哥白尼對於行星頻繁逆行的現象感到疑惑，於是提出了全新的宇宙觀「日心說」，主張地球繞著太陽公轉。然而，這項理論發表後，便被支持地心說的教會視為異教徒，日心說的支持者也因此受到迫害。不過，後來經過伽利略和克卜勒等人的研究，最終促成了天文學從長期以來占據主導地位的「地心說」到「日心說」的巨大轉變。

克勞狄烏斯・托勒密

83年左右-168年左右

古羅馬時代亞歷山卓城的天文學家。他的著作《天文學大成》以「地心說」為基礎，很長一段時間被視為天文學的權威。他也撰寫占星術書、繪製世界地圖等。

「托勒密的地心說」

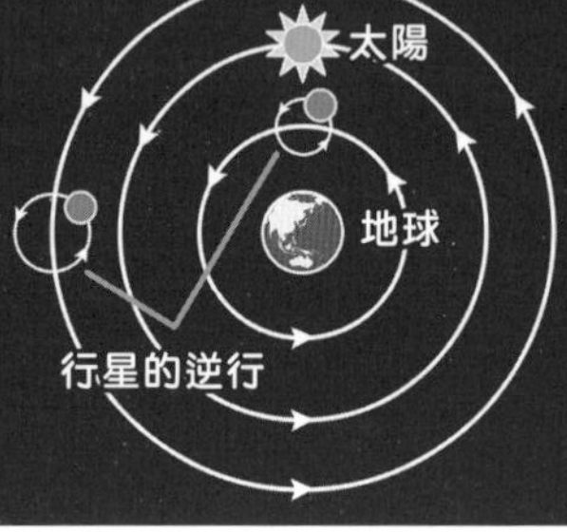

其他天體是以地球為中心繞行。

插圖／加藤貴夫、杉山真理

尼古拉・哥白尼

1473-1543年

波蘭天文學家。根據「日心說」寫出《天體運行論》。這本書具有重大的歷史意義，稱為「哥白尼革命」。

「哥白尼的日心說」

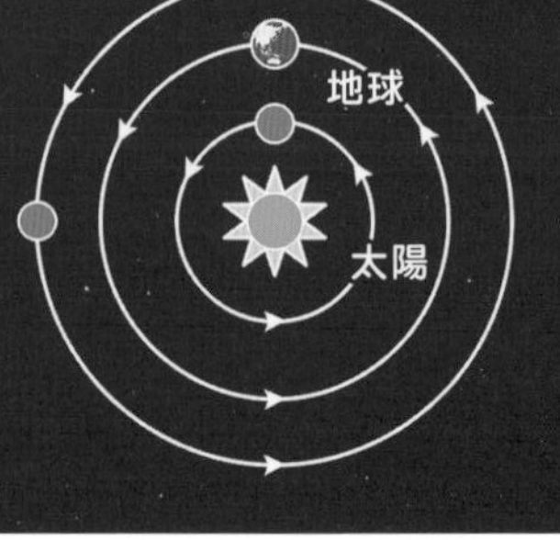

地球和其他天體繞著太陽運行。

插圖／加藤貴夫、杉山真理

天文學的定律①「克卜勒行星運動定律」

克卜勒分析天文學家第谷．布拉赫精確的火星觀測資料，發現行星繞行的軌道並非圓形，而是橢圓形，也發現與行星運動有關的三大重要定律（克卜勒行星運動定律）。

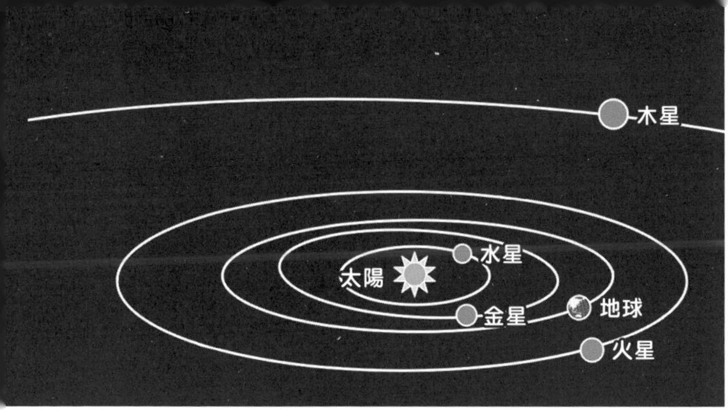

插圖／加藤貴夫

▲克卜勒利用三大定律（經驗法則）揭示太陽系行星的運行方式。

約翰尼斯・克卜勒

德國天文學家。大學時學到「日心說」後，成為哥白尼學說的狂熱支持者，並發明克卜勒望遠鏡等，奠定近代光學的基礎。

1571-1630年

插圖／杉山真理

天文學的定律②「哈伯－勒梅特定律」

該定律為「不論看向宇宙哪個方向，離地球越遠的星系，遠離銀河系（銀河星系）的速度越快，其遠離的速度與距離成正比」。

（利用氣球模擬宇宙膨脹）

把星系畫在氣球上吹氣……

不管從哪個星系看過去，都是位在遠處的星系遠離的速度較快。

插圖／杉山真理

喬治・勒梅特

比利時天文學家。與哈伯在同一時期發表宇宙膨脹模型。

1894-1966年

埃德溫・哈伯

美國天文學家。發現星系的遠離速度與距離關係，證明宇宙正在膨脹。

1889-1953年

插圖／杉山真理

影像提供／ Javier Jaime/Shutterstock

人物 改變世界的大發現！●撐起天文學的人物

伽利略・伽利萊

1564-1642年

近代科學之父、天文學之父

義大利物理學家、天文學家。利用自製望遠鏡觀測天體，在「地心說」仍為主流的時代，發現了支持「日心說」的重要證據，因此受到宗教法庭審判，但他仍持續研究，直到生命的最後一刻。他在天文學上有許多重要發現，包括觀測太陽與月球表面、發現銀河是由無數恆星組成等，並留下觀測記錄與素描給後世。

▶伽利略的望遠鏡

史蒂芬・霍金

1942-2018年

輪椅上的天才科學家

英國理論物理學家、宇宙學家。提出「黑洞會釋放基本粒子，逐漸減弱，最終蒸發消失」的理論，稱為「霍金輻射」。儘管罹患罕見疾病「肌萎縮性脊髓側索硬化症」（漸凍症），仍然留下許多學術成果。

霍金輻射

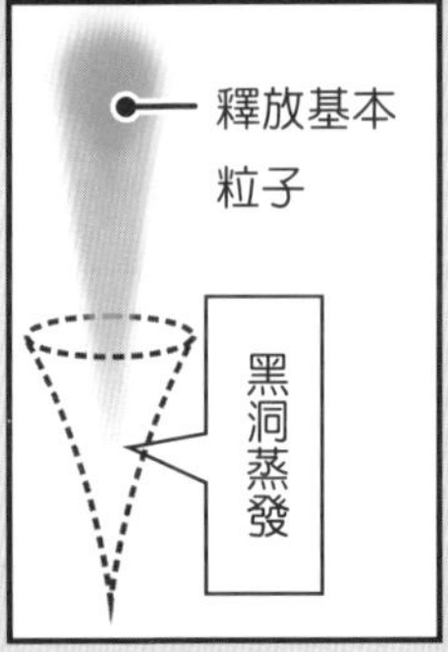

喬瑟琳・貝爾・伯奈爾

1943年～

吃盡苦頭的女天文學家

英國天體物理學家。在她還是休伊什教授的研究生時，發現了脈衝星（具有強大磁場的旋轉中子星）。這一項發現儘管獲得了諾貝爾物理學獎，伯奈爾卻不在得獎者之列。一般認為是因為她的女性身分才沒能得獎，不過，她在二〇一八年獲頒基礎科學領域的最高榮譽獎「基礎物理學特別突破獎」。

插圖／加藤貴夫

影像提供／NASA

宇宙正在膨脹

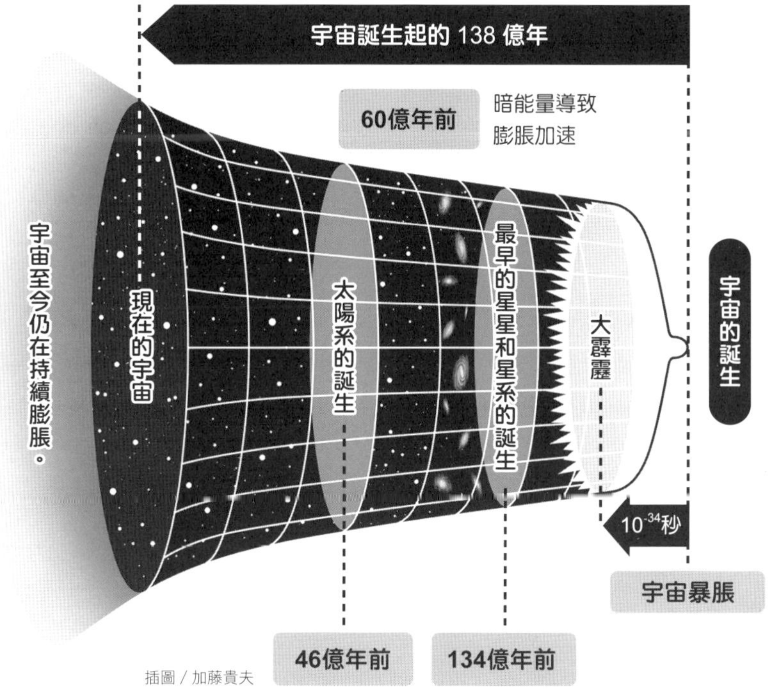

插圖／加藤貴夫

〈宇宙從誕生那一刻就開始膨脹〉

約一百三十八億年前，宇宙從空無一物的地方誕生，在短短10^{-34}秒（1秒除以1後面連續34個0的數字後的時間）的瞬間爆發膨脹（宇宙暴脹），緊接著發生大霹靂。宇宙就是像這樣，從誕生至今仍然在持續的膨脹。

〈神祕的暗能量〉

宇宙誕生後，約經過了八十億年，膨脹的速度減緩（減速膨脹），但從距今約六十億年前，膨脹的速度開始逐漸加快（加速膨脹）。

科學家推測，這可能是受到宇宙中某種未知力量的影響，但我們目前對於這股力量的本質還一無所知，因此稱之為「暗能量」。

黑洞是什麼？

插圖／加藤貴夫

〈黑洞是恆星瀕死的狀態〉

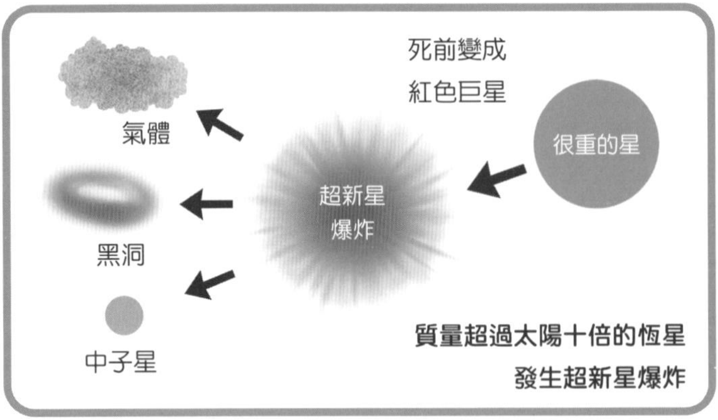

科學家認為，巨大的恆星死亡時會發生「超新星爆炸」，並可能形成黑洞。

爆炸發生後，恆星的核心無法承受自身的重量，因此被壓碎，導致空間劇烈扭曲，附近的物質也陸續被吸入。而這股引力極為強大，連光也無法脫離，最終形成黑洞。

人類的肉眼無法看見連光也無法脫離的黑洞。但黑洞在吸入附近星體的氣體時，會釋放出「X射線」，因此只要觀測這個X射線，就可以找到肉眼看不見的黑洞。

光被吸入是什麼意思？

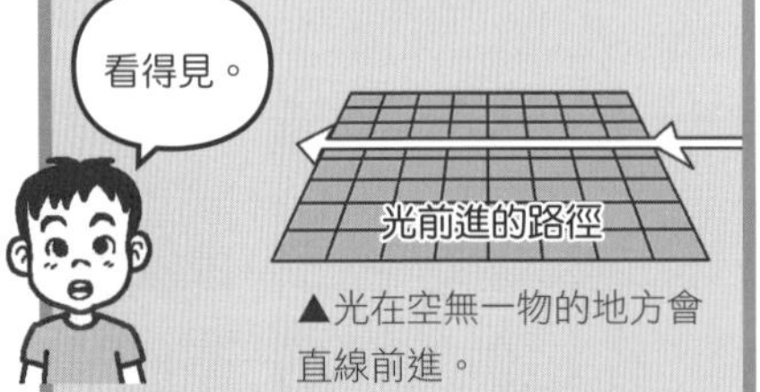

▲光在空無一物的地方會直線前進。

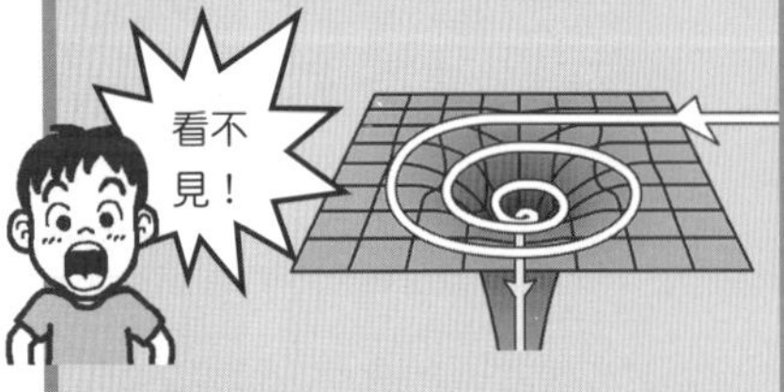

▲黑洞存在的空間會劇烈扭曲，光掉進去就無法出來。

插圖／加藤貴夫、杉山真理

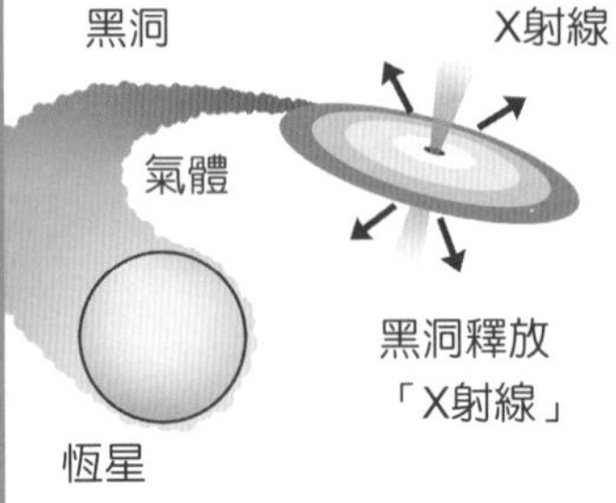

插圖／加藤貴夫

真的有外星人（地外智慧生命體）嗎？

〈找一找！智慧生命體！〉

時至今日，人類已經能夠派遣探測器前往太陽系內的其他天體，宇宙與我們的距離也變得更靠近。

不過，我們在太陽系內的其他地方仍然沒有找到生命體，所以假如真的有智慧生命體，應該會是在太陽系以外的區域。只要持續進行宇宙觀測，總有一天我們或許就能聯絡上其他的生命體。

▶無線電波望遠鏡SKA（平方公里陣列望遠鏡）想像圖。期待可帶來各式各樣的宇宙研究成果。

來自宇宙的訊息

美國的SETI（搜尋地外文明計劃）研究所，自二〇〇七年開始捕捉並觀測來自宇宙的無線電波訊號。

影像來源／SKA Organisation via Wikimedia Commons

UFO的存在

世界各地有許多目睹UFO（尚未確認的飛行物，又稱幽浮）的資訊，不過幾乎都是誤把星星或飛機等飛行物錯當成是UFO。雖說當中也有些無法解釋的物體，或許……

插圖／杉山真理

寫給宇宙的訊息

一九七四年，阿雷西博天文台※的無線電波望遠鏡，朝武仙座的球狀星團M13發送無線電訊息（左圖）。M13位在距離太陽兩萬五千光年遠的地方，所以我們最快也要五萬年後才能收到回應，但或許中途就會有其他生命體接收到訊息。

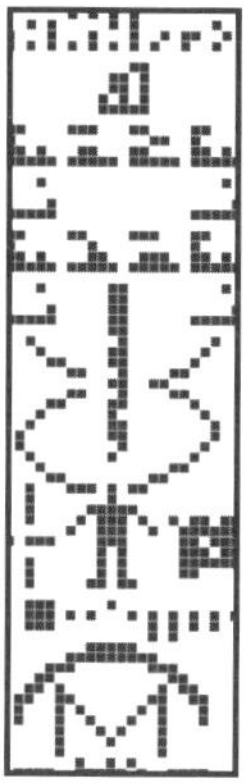

▲以二進位數字組成介紹地球的無線電訊號。

小學教的「天文學」

低年級：太陽、月亮與星星
中年級：月相變化、地球自轉與四季
高年級：八大行星、自轉和公轉

※阿雷西博天文台的無線電波望遠鏡已於2020年12月毀損退役。

化石大發現！

杉樹
懸崖
一古董商的小金幣 就埋在這裡
北
往學校
竹林
往車站
可惡!!
什麼藏寶圖啊!
ビリ
※撕
所以我說嘛，你相信他們就等於被騙了啊。
今天是四月一日，小夫他們當然要耍你開心。
害我們挖了這麼大的洞穴!

那裡也有人和我們一樣耶！
不好意思，可能要潑你冷水。
今天是四月一日愚人節喔。
咦？你在挖化石喔？
會有嗎？
根據我的直覺，這個洞穴裡是泥岩層，所以……
哇！好像比挖寶有趣多了！
你們怎麼可以隨便亂挖呢！
要是把寶貴的化石挖壞了怎麼辦啊？
他憑什麼發脾氣啊？
真是個討厭的糟老頭！

Q 地球科學只研究地球的地質、岩石和礦物。這是真的嗎？

你們到哪裡去了？準備吃飯了喔。
唉！居然被人家當成傻瓜！
我也想騙人。
！
……如何？
一定很有趣！
我們就……如何！
把魚骨和貝類的外殼放進土裡頭……
然後用「時光布」覆蓋在上頭……
讓它們看起來有如經過幾億年……
變成化石了！

A 不是。地球科學除了研究構成地球的大地之外，也研究大氣、海洋、地球上的生物史等，研究對象包羅萬象。

他還在挖耶！
完全沒收穫，
是我的直覺錯誤吧。
老爺爺！
你們又來搗蛋了？
我們剛才在那邊挖到了這些怪石頭，所以想請你幫忙看看。
嗯？
大發現啊！
那些東西有那麼驚人嗎？
當然啊！

科學入門魔法環Q&A

Q 目前地球上的六塊大陸，包括南極大陸在內，過去曾是一整片很大的陸地。這是真的嗎？

A 真的。地球的陸地和海底以每年數公分的速度在移動，因此很久以前是一整片大陸，但經過數億年之後分成了六大塊。

所謂的化石，是幾億年前的生物殘骸所形成的！
所以當時的魚類和貝類應該都是尚未演化過的原始品種才對！
可是你們看！這些魚貝的模樣和現今幾乎完全相同！
這種化石可是世界上第一次發現啊！
當然囉，因為這是我們拿午餐……
噓！
ガツーン
ガツーン
※匡、匡
我也要挖到啊！
哇哈哈哈哈！
真是太好玩了！
呼，笑死人了啊！
做些更有趣的化石出來吧。
那太誇張了，馬上就會被拆穿啦。
垃圾回收場

反正今天是愚人節，頂多大家笑一笑嘛！
是啊，你說的沒錯。
回收場
把它弄成化石看看吧！
咦？人呢？
工具還在這裡，應該馬上會回來吧。
サック
ザック
就這樣把它們埋進去……
在那邊，真的有化石喔！
爸爸，您長久以來的努力，終於有回報了。
是那兩個人先發現的。
謝謝！
真的謝謝你們！
ギュ

※挖挖

※緊握

科學入門魔法環Q&A

Q 由岩石、鵝卵石、火山灰等沉積形成的地層，越下方年代越古老。這是真的嗎？

A

真的。地層是由下往上層層堆積，因此越底下的地層年代越古老。這是地球科學的基本定律之一，稱為「疊置定律」。

我父親從小時候，就一直想要當古生物學家，
不過後來因為諸多緣故未能如願……
不過年紀大了以後，他終於能朝這個領域去努力研究了，
因此能有今天的發現，非常令人感動。
你還在那裡做什麼？
還不趕快來幫我挖掘啊！
好，來了。
慘了！得快點說明真相才行啊！
開玩笑！你敢說嗎？
那我們數一、二、三之後，一起去說吧……
嗯……這個……
這個……要怎麼說呢……
嗯？什麼事呢？
你們快來啊！又有大發現了！
請你聽我們說啊！

真是不敢相信！我挖到這種東西了!!
快看啊！這是被吃剩的蘋果核啊！
這為什麼算是大發現呢？
因為蘋果樹是近代才從國外引進的植物，
而這個化石能證明遠古時代的日本就已經有蘋果樹了啊！
啊，那個是……
我剛剛還發現了這個！
呃，那個……
這是垃圾場裡的傘骨……
沒錯！
是很像傘骨的蝙蝠！在始祖鳥之前居然有這種生物存在！
這個是果汁罐頭……
不對，是扇貝的一種啊！
這只是掃把……
這是巨大的海百合呢！
你們聽我說嘛……
如果把這些發現拿去發表，一定會引起全世界古生物學者的熱烈討論！

Q 地球在大約二十五億年前，也就是原生代，大量出現各種生物。這是真的嗎？

A 不是。三葉蟲等各種生物的出現是在大約五億四千萬年前的古生代前期，這個現象稱為「寒武紀大爆發」。

太好了，爸爸！
非常恭喜您！
聽我們講嘛!!
什麼！愚人節惡作劇！
怎……怎麼會……
是真的。
我用時光布變回來給你看。
※難以接受
！
※躡手躡腳
爸爸！振作點啊！
ヘタヘタ
※晃動
ソロリ
ソロリ

※晃動
ゴソゴソ
※捏起
ヒョイ
什麼嘛！是三葉蟲啊……
三葉蟲？
喂！等一下啊！
哇！請原諒我們！
這個是怎麼做出來的啊？
我們剛才沒有做這個啊。
那就是說……
剛剛有真正的化石混在時光布裡一起復原了！
而且真的是新品種，世界上還沒發現過這種三葉蟲啊！
真是世紀大發現啊！
而且牠還是活的呢！

科學入門魔法環Q&A

Q 日本研究團隊發現的恐龍「喉嚨」化石，與何種生物的相似？①魚 ②鳥 ③蜥蜴

A ②鳥。恐龍的「喉嚨」化石與鳥類的「喉嚨」骨頭有許多相似之處，猜測恐龍或許也會發出鳥叫聲。

謝謝你們給我們藏寶圖，真的找到驚人的寶物了喔！
?

「地球科學」是在了解我們的地球

認識地球本身的大地、大氣、海洋等科學

地球科學是一門研究地球的學問。研究太陽系的「地球行星科學」也是地球科學的一環。

地球科學是從地球形成開始，到構成地球的大地、大氣、海洋，以及地球上的生物史等無一不研究，研究對象可以說是包羅萬象。

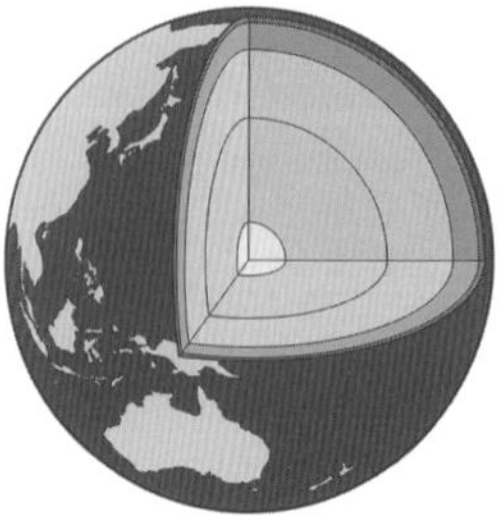

插圖／加藤貴夫

小學教的「地球科學」

低年級：天氣、周遭的環境與自然現象的初步觀察、認識常見的自然災害

中年級：氣候、水資源與動植物、觀察月亮

高年級：太陽、星空與地球、地球的變動與災害、水資源、環境保護與永續發展

〈地質學〉

地質學是研究地層與地球構造的學問。透過研究地層，可以了解遠古時期發生的各種地質變化。研究礦物結晶形成過程的礦物學，以及透過化學方法研究遠古生物的古生物學，都屬於地質學的範疇。

礦物學

◀石英是很具代表性的礦物，其中特別無色透明的結晶，稱為「水晶」。

古生物學

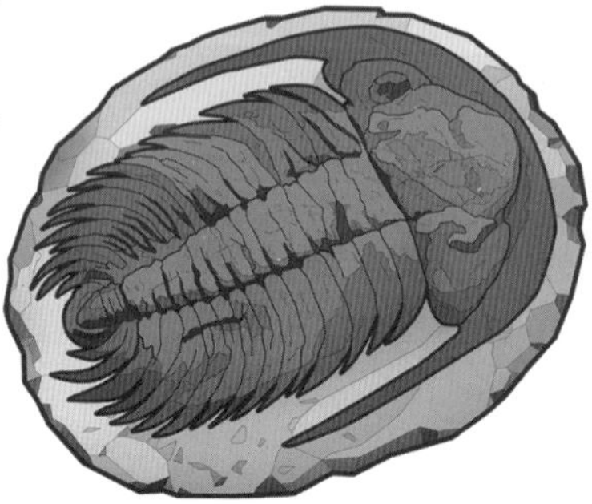

▶三葉蟲的化石。三葉蟲曾經大範圍棲息在世界各地的海裡長達三億年。

插圖／加藤貴夫

出處／日本產總研地質調查綜合中心網站

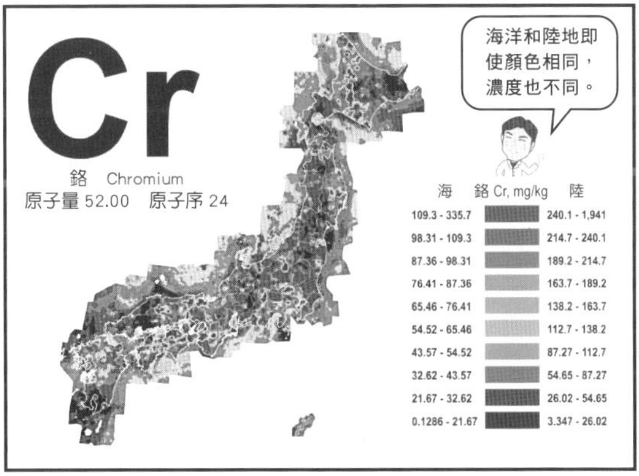

▲這是由日本產業技術綜合研究所地質調查綜合中心製作的「地球海陸化學元素圖」。查看日本列島的地質元素，可以看出分布在各地的元素濃度。

插圖／加藤貴夫

▶研究顯示，每年大約有五千公噸來自地球大氣層外的物質。我們看到的明亮流星，如果沒燒完、掉落到地面上，就是稱為隕石的的外太空物質。

〈地球化學〉

地球化學是利用化學方法研究地球的氣體、水、礦物元素等，揭開地球起源和演化過程的學問。多半包括研究隕石等地球外來物質的「太空化學」。

〈地球物理學〉

地球物理學是透過物理方法研究地球的學問。研究地震的是地震學，研究火山的是火山學，除了這些之外，與大氣相關的氣象學、研究洋流的海洋物理學也包括在內。

我們生活的台灣天災很多，因此認識地震、火山、颱風十分重要。

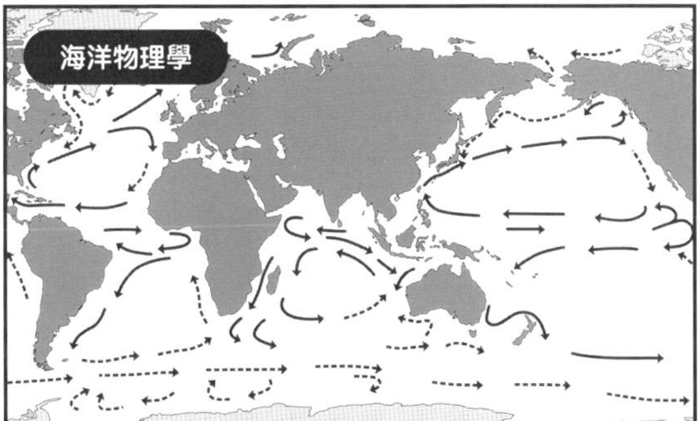

▲全球主要的洋流。實線箭號（→）表示暖流，虛線箭號（⋯▸）表示寒流。

插圖／加藤貴夫

◀日本的富士山是過去曾經噴發過無數次的火山，現在也仍在持續著火山活動。

人物 改變世界的大發現！●撐起地球科學的人物

阿佛列·韋格納

提倡大陸漂移說的德國地質學家

1880-1930年

韋格納觀察地圖，發現有兩塊大陸的海岸線形狀相似，因此想到地球以前或許是一整片大陸，後來才分裂成現在的樣子，於是他在一九一二年提出大陸漂移說。

▲韋格納注意到的是非洲的西海岸線，以及南美洲的東海岸線。只要把這兩塊大陸拉近，就能夠跟拼圖一樣完美接合。

路易斯·阿爾瓦雷茨

提倡隕石撞擊恐龍滅絕說

1911-1988年

阿爾瓦雷茨是於一九六八年獲頒諾貝爾物理學獎的美國物理學家。他與地質學家兒子沃爾特合作進行研究，於一九八〇年發表學說，提出恐龍突然在距今約六千六百萬年前的白堊紀末期（參閱一一七頁）滅絕的原因，是巨大隕石撞擊地球。

真鍋淑郎

氣候模型、地球暖化研究第一人

1931年～

出生於日本，持續在美國做研究的地球科學家。他在一九六〇年代利用物理定律公式開發出一套電腦程式，可以重現地球氣候。這一項研究現在也應用在預測氣候變遷。

真鍋博士同時也是研究地球暖化的第一人，他使用自己開發的氣候模式，找出大氣中的二氧化碳濃度對地球暖化的影響。他的這些研究成果獲得肯定，於二〇二一年獲頒諾貝爾物理學獎。

插圖／加藤貴夫、杉山真理

地球科學的知識 1

地球科學定律是認識地球的第一步

地層的「疊置定律」和「化石連續定律」

「疊置定律」是指越下面的地層越古老，越上面的越新。只要研究地底下的地層，就能夠知道過去的事情。

「化石連續定律」是指在同一時期堆積形成的地層裡，含有該年代特有的化石。所以，即使兩個地點相隔遙遠，只要地層內含有相同的特定化石，就可以確定那兩個地層是屬於同一個年代。

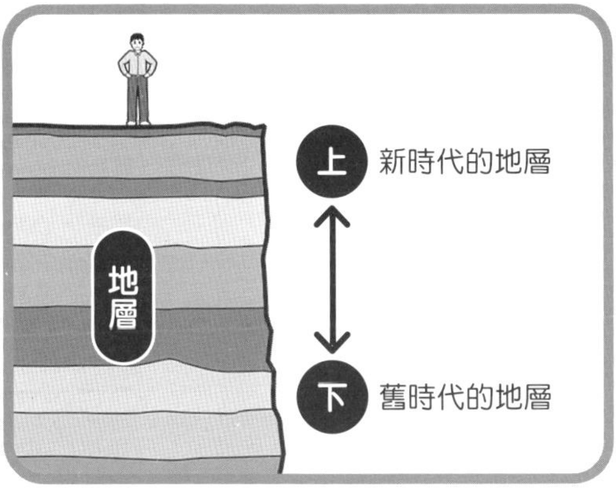

插圖／加藤貴夫

「地轉偏向力」又稱「科氏力」

科氏力是法國物理學家科里奧利在一八二八年提出的概念，指的是在旋轉系統中運動的物體，會受到一股「假想力」的影響。例如，當物體在自轉的地球上運動時，北半球的物體會向右偏轉，而南半球的物體則會向左偏轉。日本上空經常吹著由西向東的「偏西風」，正是受到科氏力的影響所致。

▼北半球從溫暖赤道上升的氣流往寒冷北極移動，這股氣流受到科氏力影響向右偏移，抵達北緯 30 ～ 60 度的地方就變成偏西風。

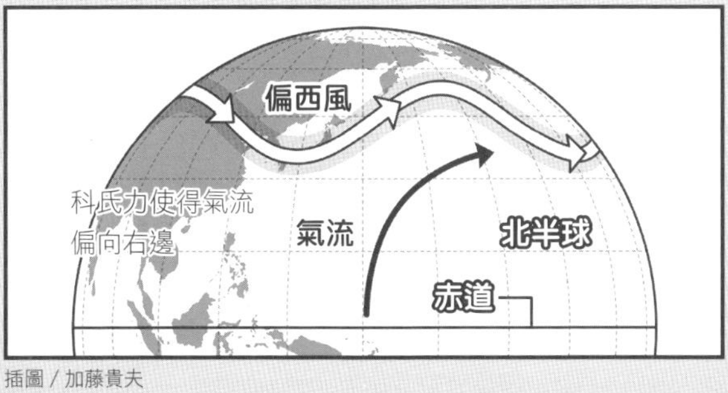

插圖／加藤貴夫

地球的陸地和海底在持續移動！

地球的內部構造

地球內部根據成分的不同，由外到內依序可分為地殼、地函、外核、內核。大部分的地函是高溫、流動的狀態。

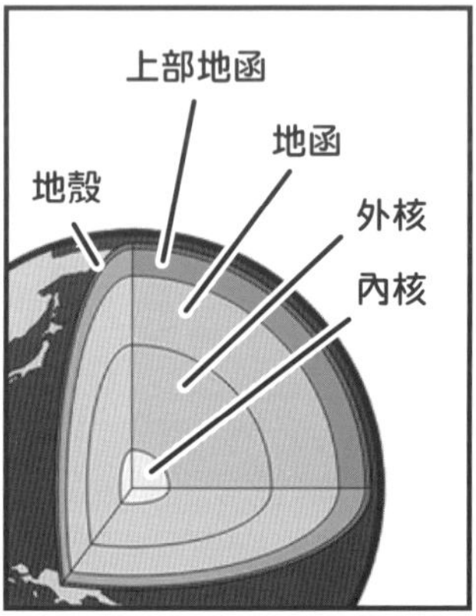

插圖／加藤貴夫

板塊移動引起地震和火山噴發！

上部地函與地殼是堅硬的岩石層，稱為板塊。板塊從中洋脊誕生，跟隨地函的對流，以每年數公分的速度緩緩移動。而這個移動就是地震，以及火山噴發的原因。

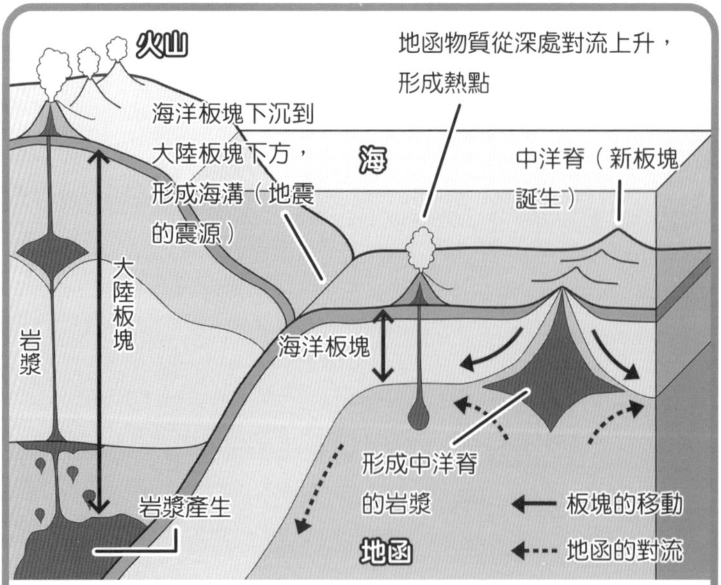

▲韋格納（參閱 114 頁）提出「大陸漂移說」的當時，還無法解釋大陸為什麼會移動。直到 1960 年代，主張「板塊會移動」的「板塊構造論」問世，「大陸漂移說」才因此被接受。

插圖／加藤貴夫

3 地球科學的知識

地球以前曾有這些生物！

地球史的年表

地球科學是可以透過從地層中挖出的化石，認識過去生活在地球上的生物樣貌。

最早的原核生物是誕生在「太古代」，而現在是「新生代」。人類大約是在七百萬年前誕生。

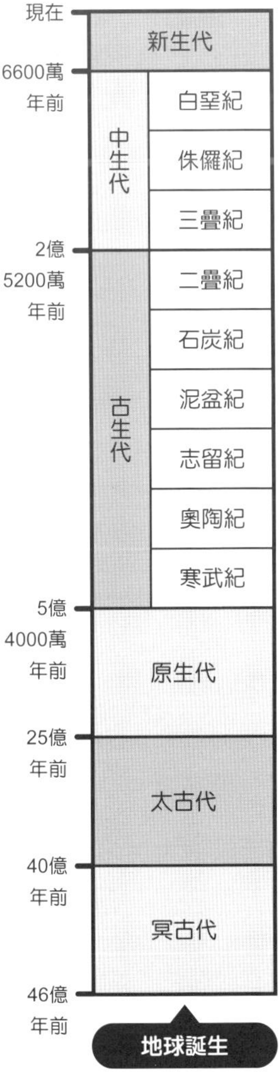

現在	新生代	
6600萬年前	中生代	白堊紀
		侏儸紀
		三疊紀
2億5200萬年前	古生代	二疊紀
		石炭紀
		泥盆紀
		志留紀
		奧陶紀
		寒武紀
5億4000萬年前	原生代	
25億年前	太古代	
40億年前	冥古代	
46億年前	地球誕生	

中生代是恐龍的時代

中生代末期的白堊紀，當時位在生態系頂端的是暴龍。

多樣化的生物大量出現在寒武紀

三葉蟲等多樣化的生物出現，被稱為「寒武紀大爆發」。

恐龍的叫聲類似鳥鳴？

2023年2月，日本福島縣立博物館與北海道大學等研究團隊，宣布找到恐龍的「喉嚨」化石，這是世界上的首次發現。化石上有許多與鳥類骨骸相似之處，所以推測恐龍可能發出類似鳥鳴的叫聲。

插圖／加藤貴夫

氣壓影響天氣的好壞

當陽光照射地表時，會加熱空氣，使空氣密度變小並上升，導致地表附近形成低氣壓。相反的，溫度比四周低的地表會使空氣冷卻而密度變大，導致空氣下沉，形成高氣壓。地表的空氣會從氣壓高的地方流向氣壓低的地方，這種空氣的流動就是「風」。

插圖／加藤貴夫

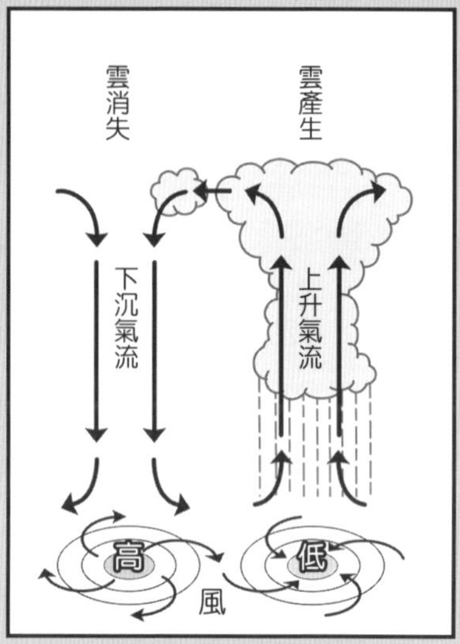

▲低氣壓的上升氣流把潮溼空氣搬運到高空變成雲，雲會降雨、降雪，所以低氣壓的地方天氣會變差。

什麼是溫室效應氣體？

地球在吸收太陽能量的同時，也會以紅外線的形式向外太空釋放熱量。然而，過程中部分紅外線會被二氧化碳等氣體給吸收，進而再次加熱地表，這種現象稱為溫室效應，而二氧化碳等氣體則被稱為溫室效應氣體。溫室效應氣體被認為是地球暖化的主要原因之一。

插圖／加藤貴夫

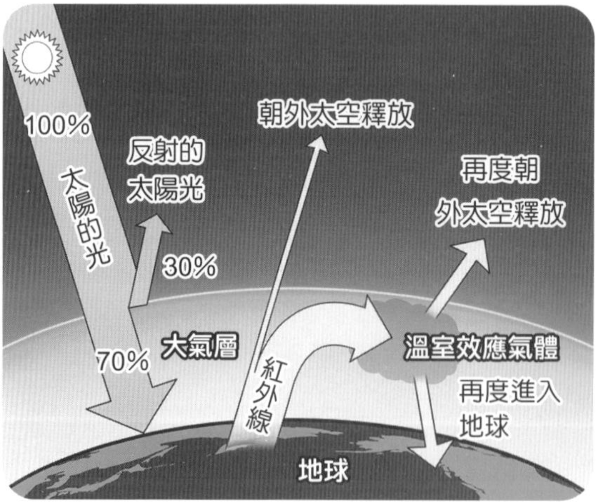

昆蟲誘集板

哇啊，好大的獨角仙喔！
在哪裡抓到的啊？
這是在我家院子裡抓到的喔。
我家的院子很大，加上種了很多樹木和花草，
所以才能吸引很多昆蟲過來。
不像你們家的院子都太小了，真可憐。
簡直是在挖苦人嘛！
エンドー音楽堂
給我一個超大的庭院！
別無理取鬧。
我也想要吸引昆蟲來啦！

科學入門魔法環Q&A

Q

日本原本沒有，直到明治時代之後才出現的「外來種生物」是何者？①浣熊②鳳蝶③虹鱒

虫よせボード
「昆蟲誘集板」
裡面有很多花草的圖案。
貼在這裡，等一下就會有昆蟲過來了。
啊，來了！
※飛來飛去
ヒラ
ヒラ
ヒラ
牠在吸花蜜耶。
因為像真的，才會吸引昆蟲過來。
好神奇的畫板喔！
來試試其他花吧！

A ③虹鱒。虹鱒原本棲息在北美和墨西哥的西海岸，明治時代（一八六八至一九一二年）從美國加州引進日本養殖。

這張是什麼呢？
是樹幹。
※唧唧
是蟬耶。
在吸樹汁呢！
像這樣把樹木劃一刀的話……
就會流出甜甜的樹汁。
這樣就可以把獨角仙和鍬形蟲引來了。
這個是什麼呢？
是竹子。

科學入門魔法環Q&A

Q 細胞的英文「cell」原本的意思是下列何者？①網格 ②小房間 ③積木

※飛
すいっ
原來如此！
拿去給靜香看看吧！
也借給我幾張吧！
我要收集一堆昆蟲。
這張有刺的是什麼樹啊？
啊，有一隻鳳蝶飛來了。
可惡，竟然飛走了！

A ②小房間。是由第一位用顯微鏡觀察細胞、十七世紀的科學家羅伯特・虎克所命名。

※嗡嗡嗡
換這張吧！
哇！好多蜜蜂啊！
用完可以還給我們了嗎？
被我扔了！有意見嗎!?
過了兩個月之後——
這張不是被胖虎扔掉的「昆蟲誘集板」嗎？

科學入門魔法環Q&A

Q 地球上大量生物死亡的「大滅絕」過去發生過五次。這是真的嗎？

A 真的。六千六百萬年前的恐龍滅絕是第五次。現在許多生物也因為人類文明，面臨滅絕的危機。

樹葉好像都被啃光了，
還有個怪東西附在上面。
應該是有鳳蝶產卵在上面，
然後生出來的幼蟲吃了樹葉，
接著結成蛹了。
鳳蝶應該不久後就會破蛹而出了。
快看，出來了。
牠平安的長大了，太好了！

巨大的銅鑼燒

節制一點!!
一天之內喝這麼多會蛀牙，對身體也不好！
要喝的話就去喝水。
光喝水多無聊啊。
我又不是金魚。
※茲茲茲茲

※藏
那是什麼？
沒、沒、沒有、什麼都沒有！
我之前留著的銅鑼燒給你嘛。
真的嗎!?
那好~
可是……
還是不要好了，
這個使用不當的話是非常危險的，也許還會讓人類滅亡……
……
……
……
不過……小心一點就好。
「細菌製造機」，
這是可以培養出新種細菌的實驗裝置。

科學入門魔法環Q&A

Q 能使人展露出與眾不同之處的特殊基因，約占人類整體基因的百分之十。這是真的嗎？

細菌？
為什麼要做那種東西？
把植物製造成酒、味噌及醬油，
用蛋白質合成人造肉品，
治療病痛的抗生素等等，
都是要靠細菌才能完成的。
那有把水變成果汁的細菌嗎？
或許可以做得出來。
但是，我現在研究的是用水合成銅鑼燒的細菌。
製造新的細菌，要從原菌染色體的DNA進行改造，再將遺傳因子……
聽起來很難，你做給我看就好。
這哪有那麼容易？不是那麼簡單可以調配出想要的細菌的。
叮——！

A 不是。人類基因約有三十億個「鹼基對」，其中與別人不同的僅僅不到百分之〇點一。

新品種做好了。
好了嗎!?
還真小心。
如果是有毒細菌就糟了……
細菌在這裡面嗎?
接著要來測試菌種。
滴一滴水下去。
沒有任何反應。
把紙屑丟下去。
鐵釘……
塑膠袋……
碎布……
什麼反應都沒有。
哈啾!
細菌都被吹跑了啦!
咦!?

科學入門魔法環Q&A

Q 現在地球上已確認的一百七十五萬種生物種之中，種類最多的是植物。這是真的嗎？

A 不是。最多的是昆蟲，有97萬種，約占整體的55％。植物約15％，包括人類在內的脊椎動物僅有2.6％。

銅鑼燒被……
我知道了，
這是把銅鑼燒變成空氣的細菌。
這種沒用的細菌要消滅掉！
等一下，太可惜了。
說不定會有什麼用。
我已經製造了三百八十八種細菌，沒一個有用的。
慢慢嘗試吧！
是哆啦A夢的作法不對吧。
讓我試試看！

做了很多種，
還真的沒什麼能用的。
咦？這是……
樹葉溶化得像水一樣。
好甜！
多收集一些樹葉來試試看。
在裡面加入細菌，
好好攪拌一下。
開始發酵了。
好香的味道。
※咕嚕咕嚕
ゴク
ゴク
好喝!!
請大家一起喝吧！

科學入門魔法環Q&A

Q 能力和個性等各種性狀之中，哪個容易遺傳至雙親？①記憶力 ②語言能力 ③音樂才能

A

③音樂才能。音樂才能有百分之九十二是由遺傳決定。記憶力和語言能力受環境的影響較大。

真好喝!!
沒喝過這麼好喝的果汁。
是哪裡賣的？
這是祕密。
真是一個大發現。
命名為大雄果汁來賣吧！
就像可樂一樣，推廣到全世界。
為什麼會膨脹起來呢？
成功了！
是銅鑼燒!!
而且越來越大了。
哆啦A夢一定會很高興吧！

不要靠細菌做了，
用所有的零用錢買了銅鑼燒。
※增生、增生
哆啦A夢，開心吧！
ムク ムク
是銅鑼菌!!
這細菌是只要有空氣就會無限膨脹，最後會將地球擠碎的可怕細菌啊！
什麼!?
快點消滅它！
※增生、增生
晚了一步！
ムク ムク
會被壓扁的，快點逃出去！

科學入門魔法環Q&A

Q 透過基因改造技術已經製造出在黑暗中發光的兔子。這是真的嗎？

A 真的。利用水母身上取得的發光蛋白質基因改造而成，這項技術對醫學研究也有貢獻。

該、該怎麼辦？
我也沒有辦法啊！
房間快要被擠爆了!!
咻 咻 咻～
是剛才那個把銅鑼燒變成空氣的細菌解除危機的。
連我買的銅鑼燒都沒了!!

探究生物與生命現象的「生物學」

生物學的領域廣大！

從巨大的藍鯨到只有顯微鏡才能看見的微小細菌，生物學這門學問是在研究地球上所有生物的共通性與多樣性。無論是觀察日常生活中的昆蟲、鳥類、花草等的生態，還是探討包括人類在內的生物體構造、器官功用、構成生物體的基本單位「細胞」，或是研究古生物如何演化成今日豐富多樣的生物，生物學涵蓋的研究對象真的是包羅萬象。

讓我們一起來認識甚至能延伸到化學、物理、數學等範圍的生物學跨領域範疇吧。

▲生物觀察是生物學的第一步。
插圖／杉山真理

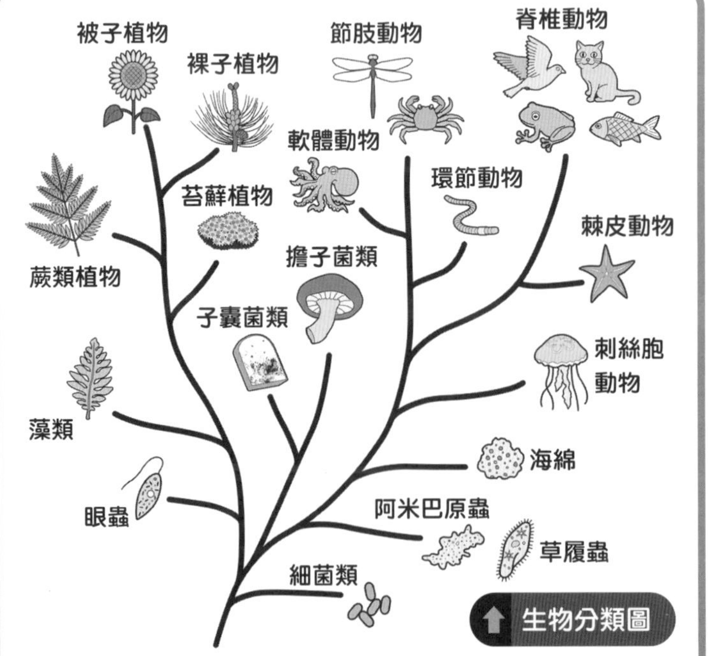

生物學的研究對象是「地球上的所有生物」，其實很多樣化。

插圖／加藤貴夫

〈分類學〉

現在地球上已知（已命名和發表）的物種約有一百七十五萬種。依照生物的身體構造和生態等分門別類，然後釐清各類別彼此間的關係及演化的過程，這就稱為分類學。

〈生態學〉

調查同種生物之間、生物與環境之間的關係，找出共通點與多樣性，解開生態系架構的學問，稱為生態學。

近年來，由於人們開始思考地球暖化所造成的環境變化，以及外來種生物對環境生態造成的影響等問題，使得生態學逐漸獲得重視。

「日本植物學之父」
牧野富太郎

走訪日本各地，發現許多植物的新種並為之命名，留下五十萬件標本與觀察紀錄的日本植物分類學第一人。

1862-1957年

插圖／杉山真理

〈生理學、生物化學〉

研究生物的器官與細胞活動，了解呼吸、消化以及免疫等生物體的各種功能與構造原理，這就是生理學。生物化學則是在研究生物的能量代謝與蛋白質的分解、合成等體內產生的化學反應，因此必須具備化學與物理知識。

〈分子生物學〉

根據DNA與蛋白質等分子等級的物質所產生的作用與反應，分析生物與生命現象。一九五三年，科學家發現掌管遺傳的物質「DNA」的構造，隨後揭開遺傳現象，解譯人類基因資訊等，並且因此催生出利用超級電腦分析DNA的「生物資訊學」。

小學教的「生物學」

三年級：動植物的樣態與成長、生物與環境的關係
四年級：水生動植物、昆蟲
五年級：植物的栽種與繁殖
六年級：生物與環境、微生物

人物 改變世界的大發現！●撐起生物學的人物

查爾斯・達爾文

1809-1882年

解開演化的原理

英國自然科學家達爾文透過觀察南美洲的科隆群島（又稱加拉巴哥群島）上的特殊生物，提出了「物競天擇」的概念，亦即生物個體所具備的特徵是否適應環境，會影響其生存與繁衍，只有具備有利特徵的個體才能存活並延續後代，最終促成物種的演化。

達爾文在一八五九年出版的著作《物種起源》中，正式提出「演化論」，指出所有生物都是透過「物競天擇」，在漫長的歲月中由共同的祖先慢慢的逐漸演化而來。

格雷戈爾・約翰・孟德爾

1822-1884年

發現遺傳定律

孟德爾是東歐聖湯瑪斯修道院的修士，他在修道院的院子裡進行豌豆雜交實驗。歷經十餘年的研究，他探討了植株高度、花的顏色、種子形狀等性狀的遺傳方式，並發現性狀的遺傳具有一定規則。

一八六五年，孟德爾將研究成果整理成論文發表，但直到去世前都無法得到其他人的認同。直到一九〇〇年，有其他的科學家重新發現遺傳的規律，孟德爾的研究成果才終於得到承認。

詹姆斯・華生 法蘭西斯・克里克

華生

1928年～

克里克

1916-2004年

發現ＤＮＡ的構造

人們早在一九四〇年代便已知掌管遺傳資訊的物質「ＤＮＡ」的存在。但直到一九五三年，華生與克里克運用物理學方法製作分子結構模型，才發現ＤＮＡ呈現扭轉的雙螺旋構造。並由此得知細胞分裂時ＤＮＡ能正確複製並傳遞遺傳資訊的機制。

插圖／杉山真理

生物學的知識 1

親代傳給子代的遺傳原理

孟德爾的遺傳定律中，已知性狀的遺傳模式是「顯性法則」。子代會繼承父母的基因，這些基因決定了性狀的表現。決定性的基因具有不同的等位基因，可分為表現在外的顯性等位基因，以及未表現在外的隱性等位基因。

顯性法則

豌豆當中，每一代都是光滑表皮的豌豆，與每一代都是皺紋表皮的豌豆（純種）互相交配之後，子代全都是光滑表皮，孫代的光滑表皮與皺紋表皮的比例則是3：1。

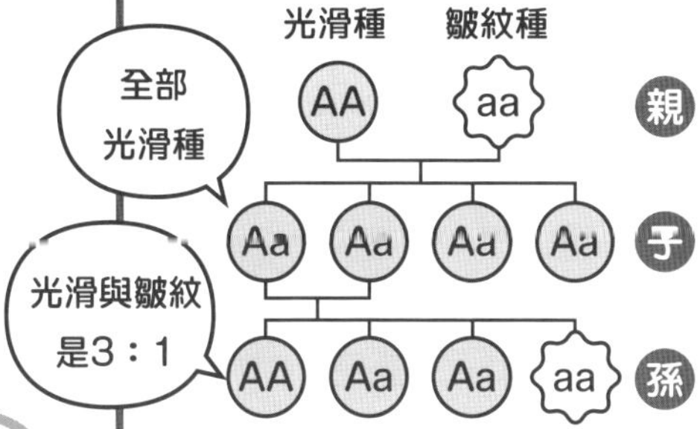

這是因為兩種來自雙親的等位基因之中，只出現其中一方（A：顯性），另一種等位基因沒有顯現（a：隱性）。再由繼承雙方等位基因的子代互相交配後，孫代裡出現顯性等位基因的比例為3，隱性為1。

▲以頭髮的髮質來說，自然捲是顯性（容易出現在孩子身上），直髮是隱性。

插圖／杉山真理

何謂DNA？

DNA是「Deoxyribonucleic Acid」的縮寫，也就是去氧核糖核酸。位在細胞核染色體裡面，由四種鹼基構成。鹼基的排列順序決定了生物的身體結構。

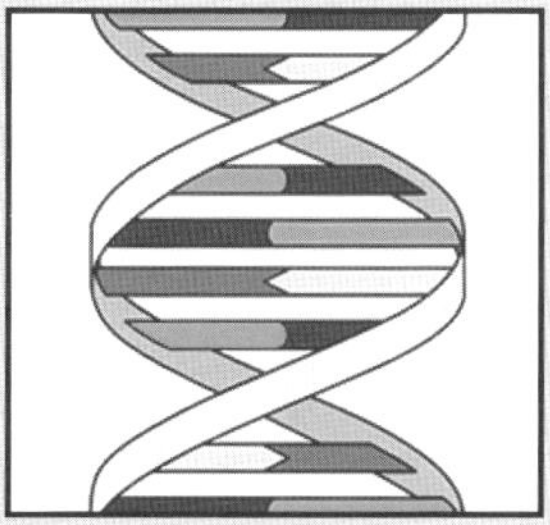

插圖／加藤貴夫

生物多樣性是演化的結果

地球上已知的物種大約有一百七十五萬種，若加上尚未發現的物種，據推測總數可能高達三千萬種。生物種類如此繁多，正是「演化」的結果。

因食物而改變的鳥喙形狀

棲息在科隆群島的達爾文雀，鳥喙的形狀可分為幾個不同的類型。這是從南美洲來到島上的共同祖先那一代起，配合食物演化、「適應」的範例。

大嘴地雀的鳥喙較大，適合吃堅硬的樹木果實。

仙人掌地雀吃仙人掌果實和花。

綠鶯雀從樹幹扯出毛毛蟲吃。

插圖／加藤貴夫

在生物世代交替的過程中，負責傳遞遺傳資訊的DNA有時會發生變異，導致同一物種內出現性狀不同的個體。某些性狀有助於擁有這些性狀的個體在特定環境中生存，而在其他環境中，則可能是擁有不同性狀的個體較具優勢，使個體能夠留下更多後代。

這種「物競天擇」促使同種生物為了適應環境，逐漸分化，並經過漫長歲月演化出不同的物種。

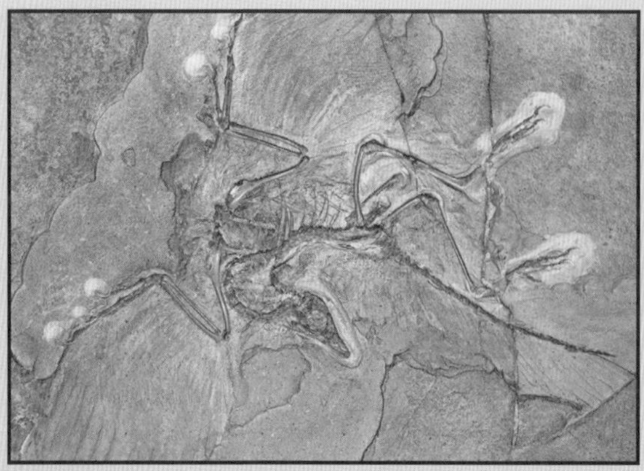

◀始祖鳥化石兼具鳥和恐龍的特徵。化石是用來了解演化過程的重要線索。

影像來源／Emily Willoughby via Wikimedia Commons

生物學的知識 3

生命的起源是深海？還是宇宙？

地球上的生命是何時誕生的？又是如何起源的呢？這是生物學尚未解決的問題之一。長久以來，許多科學家反覆進行各種研究與考察，但至今仍未找到人人都能認同的定論。

〈誕生於海底火山熱泉的假說〉

在水深超過兩千公尺的深海裡，有可噴出溫度高達攝氏四百度熱泉的海底火山。科學家在其附近發現以熱泉中的硫化氫和甲烷為生的微生物。一般認為，這種能量利用方式可能是原始地球生物的特徵，因此這些微生物有可能是地球上最早出現的生命形式。

〈誕生於陸地溫泉的假說〉

原始地球的陸地上有許多湧出熱水的溫泉，其噴泉口周圍的溫泉水經過反覆蒸發與濃縮，使其中的物質逐漸形成構造複雜的分子。接著，這些分子有了膜，最終形成細胞的原始型態。

〈來自宇宙的假說〉

這一理論認為，生命的起源來自宇宙，可能是類似微生物孢子的物質從外太空抵達地球並開始繁殖。二〇二二年，日本探測器「隼鳥二號」從小行星「龍宮」帶回的樣本中，發現數十種胺基酸，證明宇宙中確實存在生命必需的有機分子。然而，生物本身是否來自宇宙，以及地球上的生命是否源自這些胺基酸，目前仍是未解之謎。

插圖／加杉山真理

▲生物的祖先來自外太空？

醫生手提包

我好像感冒了，
謝謝你的邀請，我不過去玩了。
喔，真是太可惜了。
那你好好休息吧！
好像正在流行感冒。
嗯……說起來……
我從剛才就一直覺得頭昏昏的。
還不只這樣，肚子很難受，好像快脹破了！
我生病了！

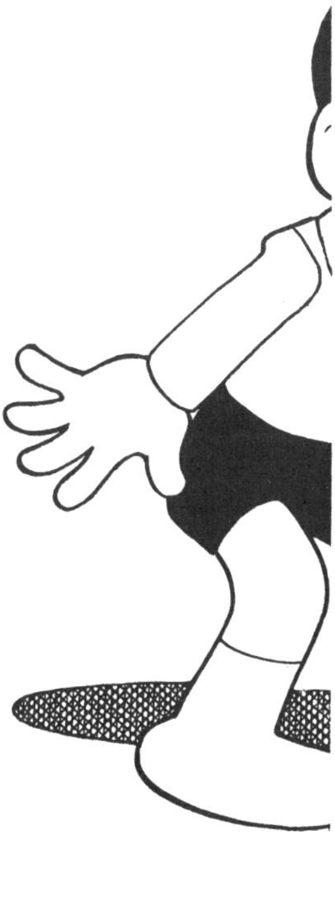

我生重病了……
已經不行了。
你老是喜歡小題大作。
「醫生手提包」。
是未來世界的小孩們在玩醫生遊戲時用的。
雖然是玩具，不過可以治好小毛病。
例如說……
把這個放上去，
可以照X光。
也有顯微鏡。
把手伸出來一下。

科學入門魔法環Q&A

Q 在人體裡循環的血管總長度約有多長？①十公尺 ②十公里 ③十萬公里

A ③十萬公里。連極細的微血管也全部連在一起的長度約有十萬公里，可以繞地球兩圈半。

好髒喔！都是細菌!!
你沒有洗手啊？
這又沒關係！
你是要幫我看病吧。
是啊，是啊。
只要用這個碰一下就好。
這不是生病，原因只是吃太多和午睡睡太多。
ポコ
※彈出
藥就會自動出來。
我討厭打針！
這不是打針，
是口服藥。
ジャー
ゴクゴク
※咕嚕、刷
……好甜的藥。
舒服多了！

Q 即使上了年紀，還是能夠鍛鍊出肌肉。這是真的嗎？

這道具實在太棒了，可以拯救世界上被病痛纏身的人們。
你說得太誇張了。
完全治好了耶。
大雄，謝謝你！
嘻嘻嘿嘿～
咦？大雄。
有人在追你嗎？
什麼？你說你是醫生!?
哇哈哈！
那是哆啦A夢借你的？
那……或許可以治好吧。
我好像感冒了，幫我治療。
等等吧！
有人先預約了。
靜香，
我來幫你看病了！

A 真的。只要經過鍛鍊，不管到幾歲，都能夠練出肌肉，提升肌力。

我幫你看病，衣服脫掉吧！
我沒什麼大礙，好像已經治好了。
什麼嘛！真無趣。
幫我看看吧。
不用脫衣服也沒關係！
只要碰一下。
感冒
來，吃藥。
啊——
痊癒了！
真的有效呢！
下次感冒時再拜託你。

什麼時候呢？
還是儘快生病比較好。
你自己先玩遊戲吧，
我去烤麻糬。
大雄在嗎？
我聽小夫說了。
我胸口悶悶的，
馬上幫我看看。
這是為了幫靜香看病才……
醫生怎麼可以挑病人呢？
好好好！我看。
不用脫衣服也沒關係啦！
吃了太多烤番薯
來，把藥吞了。
ジョバ
スッキリ
※精神飽滿
※噴

科學入門魔法環Q&A
Q 成年人的身體約有兩百零六根骨頭。這是真的嗎？

A 真的。嬰兒的骨頭超過三百根，長大後骨頭會接在一起，數量因而逐漸變少。

治好了！
大雄醫生，謝謝！
多保重。
好痛、好痛……
好痛喔，
手指燙傷了。
這下糟了，
我馬上幫你看，把衣服脫掉!!
是手指！
真不敢相信，治好了耶！
我說得沒錯吧！
下次再生重一點的病吧！
藥只有一點點，所以還是儘早生病吧！
你好，請問大雄醫生在這裡嗎？

聽說什麼病都可以治好？
請幫我看看。
在這裡看吧。
不太好吧！
那是女孩子的家。
我的屁股上長了一個瘡。
幫我治療蛀牙。
好黑的牙齒！你有刷牙嗎？
我的腳底起水泡了。
噁嗚……
已經沒藥了。
大雄，
我好像真的感冒了。

科學入門魔法環Q&A

Q 成年人的小腸大約有多長？①二公尺 ②六公尺 ③十公尺

※深受打擊
現在已經來不及了。
ガーン
來不及了!?
別這樣說，幫我看！快幫我看啊！
只…只是看看的話……
不是已經沒藥了？
你還在玩啊！
你居然騙我……
這些傷治得好嗎？
來不及了。

Ａ ②六公尺。小腸大約有五至七公尺長，大多數的養分都是由長長的小腸壁吸收。

「醫學」是研究疾病與健康的學問

分為基礎醫學與臨床醫學

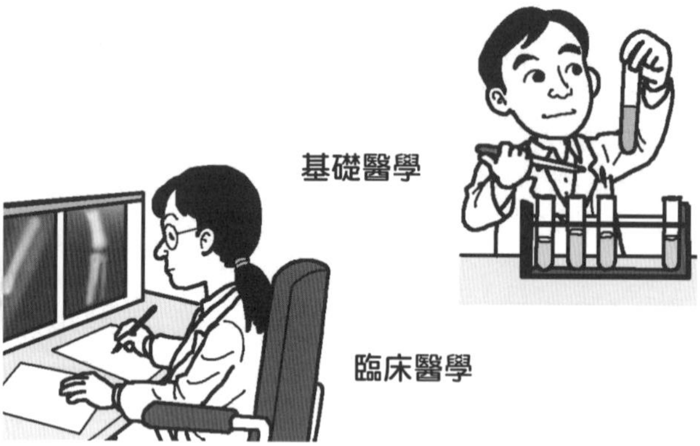

插圖／杉山真理

醫學是以人類疾病為研究對象的學問，其目標是為了恢復健康、守護生命。醫學是科學中著重於「提升生活品質」的「應用科學」之一，是根基於生物學和化學的一項學問。

醫學大致可分為「基礎醫學」和「臨床醫學」。

基礎醫學是研究人體構造和疾病成因，包括生理學、解剖學、病理學、微生物學等多個領域。

舉例來說，生理學就是在研究心臟如何跳動、呼吸如何運作等體內發生的各種現象。

另一方面，「臨床醫學」則是在實際的醫療現場，以患者為研究對象，探討疾病的診斷與治療。

何謂東方醫學？

東方醫學是數千年前在亞洲地區誕生並發展的醫學，以源自中國的中醫為代表。

相對於西方醫學直接針對身體出問題的部分進行治療，東方醫學是更注重透過調養身體，提高人體自身的自癒能力。

插圖／杉山真理

人的生命是靠許多內臟和器官才能正常運作。臨床醫學就是把身體的器官和功能細分成很多小類，針對不同的器官和疾病來研究，像是心血管內科和外科、消化內科和外科、皮膚科、眼科、耳鼻喉科、骨科等等。

基礎醫學是臨床醫學的根本，利用基礎醫學的知識來開發新的治療方法等，兩者之間的關係密不可分。

各器官在臨床醫學的主要分科

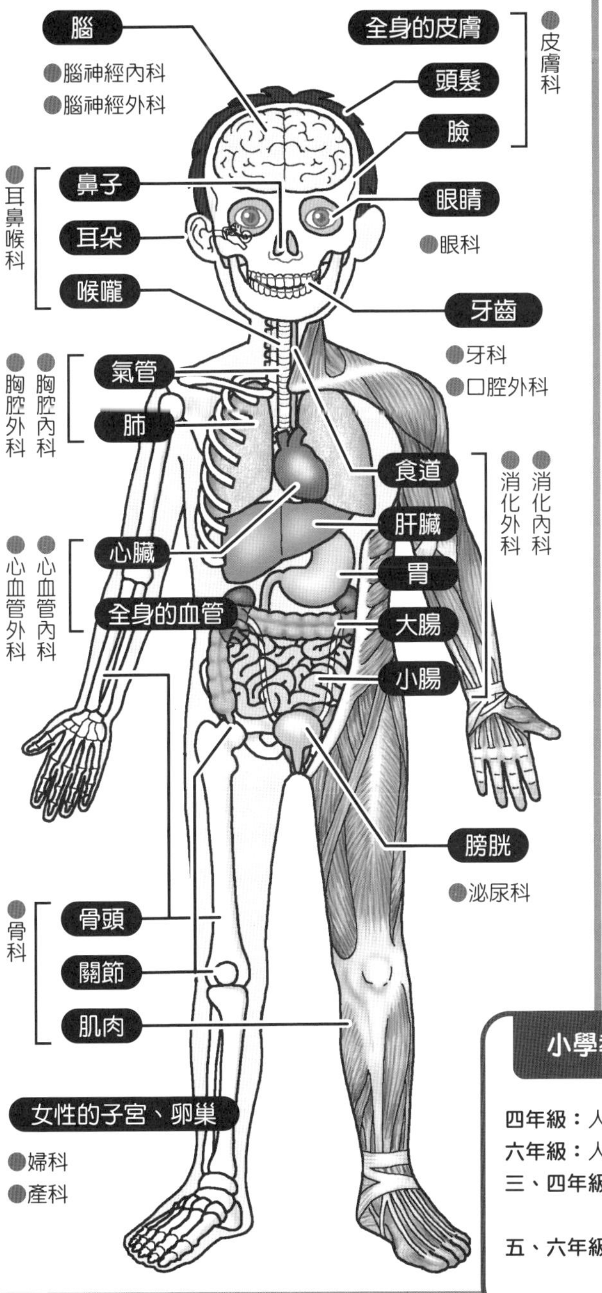

插圖／杉山真理

小學教的「醫學」

四年級： 人體構造與運動

六年級： 人體構造與作用

三、四年級： 健康的生活、身體的發育與發展

五、六年級： 心靈健康、防止受傷、預防疾病等

改變世界的大發現！撐起醫學的人物

近代日本醫學之父

北里柴三郎

1853-1931年

研發出預防和治療破傷風的方法。破傷風是破傷風桿菌從傷口進入人體，引發肌肉痙攣的疾病，太晚治療有可能致死。

他還發現在歐洲造成大規模流行的傳染病「鼠疫」的病原菌，因此獲得諾貝爾獎提名，被譽為「近代日本醫學之父」。自二〇二四年起，改版後的日本千元紙鈔上，放的就是他的肖像。

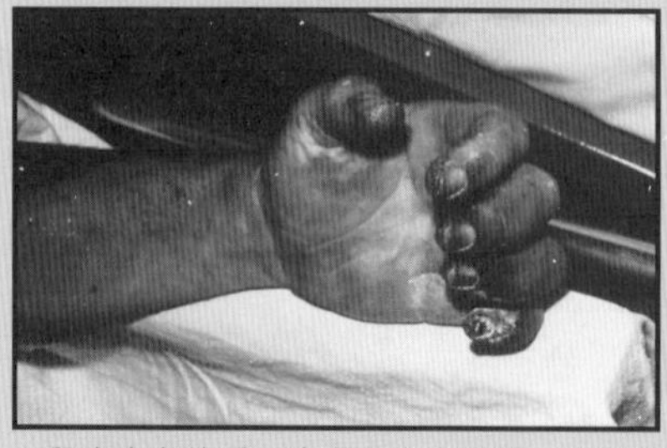

▲鼠疫患者的手，皮膚內出血發黑，所以也稱為「黑死病」。

製造iPS細胞 獲得諾貝爾生理學與醫學獎

山中伸彌

1962年～

世界上第一位成功製造出iPS細胞（誘導型多功能幹細胞）的科學家，並因此於二〇一二年榮獲諾貝爾生理學或醫學獎。

當受精卵在母親肚子裡發育成身體時，分裂產生的每個細胞會陸續決定自己的功能，例如成為皮膚細胞或肌肉細胞。一旦細胞變成特定類型，如皮膚細胞，便無法再轉變成其他類型，如肌肉細胞。而iPS細胞則是能將這些已分化的成體細胞「重置」，使其恢復能夠發育成任何內臟或器官的狀態。人們對iPS細胞在再生醫療（使受損的身體組織再生的醫療技術）上的應用充滿了期待。

醫學的知識 1

「疼痛」是什麼？排除異物的機制

疼痛是身體發出的「警訊」

被蜜蜂叮到會覺得「痛」，感冒有時會喉嚨痛。這些「疼痛」究竟是什麼呢？

多數情況下，疼痛是身體發出的「警訊」，是身體在告訴你，有異常的情況發生中。所以，只要覺得痛，就應該立刻採取行動，如果置之不理，很可能導致病情惡化。

疼痛是由於神經末梢受到刺激，將訊號傳到腦部，進而產生「痛覺」。

通常，只要治好引起疼痛的傷口和發炎，疼痛就會消失，但也有些疼痛可能會持續很長時間（這種情況下就不再是「警訊」了）。

插圖／杉山真理

疼痛的傳遞方式

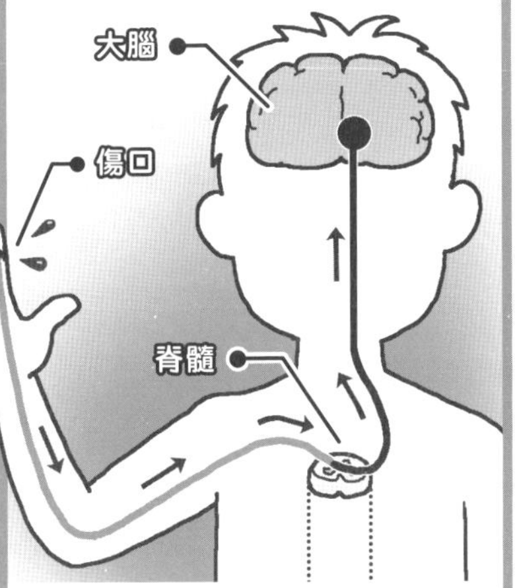

疼痛訊號透過神經傳遞，從脊髓傳送到腦部。

插圖／杉山真理

異物入侵！人體具有排除機制

我們的身體具有排除外來異物（細菌、病毒、花粉、灰塵等）的機制。舉例來說，當感冒病毒企圖從口鼻入侵時，人體首先會透過打噴嚏、流鼻水等方式，試圖把病毒排出去。

如果病毒突破了第一道防線，進入體內，巨噬細胞等免疫細胞就會將病毒吞噬，然後消滅。

插圖／杉山真理

到目前為止，這一些都是人體天生就具備的防禦機制，稱為「先天免疫」。如果病毒突破了這些關卡，闖進體內，就會啟動「後天免疫」，派出B細胞、殺手T細胞等免疫細胞攻擊病毒。B細胞會記住過去異物入侵的資訊，以便迅速採取應對措施。

這種防禦機制稱為「免疫系統」，是負責守護我們健康的重要角色。因此，用心維持均衡飲食與充分睡眠等健康的生活習慣，對於提升免疫力非常重要。

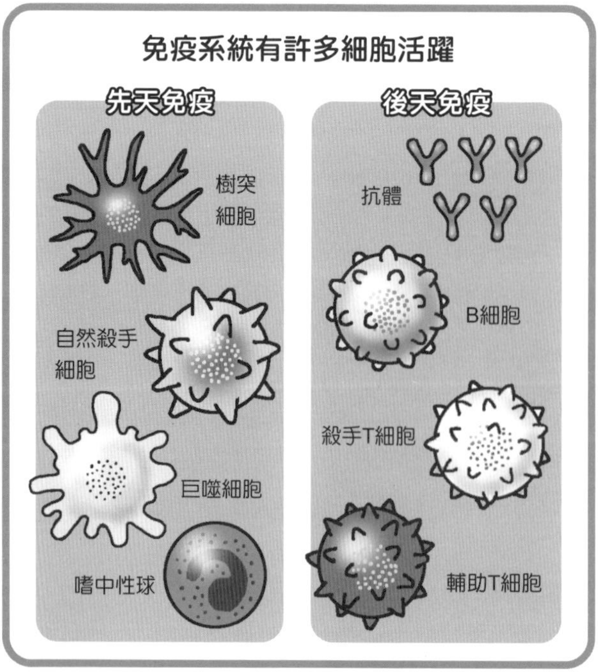

插圖／杉山真理

增多的花盆

呼呼……
啊啊！累死我了。
不要再為食物吵架了，這樣好難看。
對了。
我有一個好道具。
用這個道具，就不必吵架了。
「增多的花盆」。
無論丟進什麼東西，數量就會變多喔。

Q 日本從繩文時代（西元前一四〇〇年至西元前十世紀）開始農耕生活。這是真的嗎？

啊！
先把蛋糕丟進去……
再澆上充足的水。
啊！長出嫩芽了。
再澆更多的水……
越長越大了呢！
開花了。

A 真的。過去認為日本的農耕是彌生時代（西元前十世紀至西元三世紀）開始，但近年發現繩文時代遺跡已有原始農耕的痕跡。

花凋謝以後，就會結出果實。
你把果實剝開。
ぱか
※啵咔
變成十個蛋糕了呢！
這下多到吃不完了。

科學入門魔法環Q&A

Q 日本何時開始徵收稻米當「稅收」？

①飛鳥時代（五九二至七一〇年）②平安時代（七九四至一一八五年）③江戶時代（一六〇三至一八六八年）

A

①飛鳥時代。當時統治日本的大和朝廷，把田地分給百姓耕作，取而代之的是百姓要用稻米「納稅」。

這次來增加玩具。
然後充分灌溉……
※啵咔
結出了好多果實呢！
ぱか
啊！好多玩具喔。
怎麼有這麼多？

Q 日本國內栽培並商品化的基因改造作物是何者？ ①大豆 ②玫瑰 ③玉米

把那個花盆借給我。
要增加什麼東西好呢……
有了，那樣東西!!
我很快就會變成有錢人了。
哈哈哈哈！
咦……？

※啵咔、掉落

果實怎麼長得這麼小？
ぱか
ひら
ひら
這種錢根本不能用嘛。
誰叫他沒好好澆水。

A ②玫瑰。二〇二〇年，日本國內合法商業栽培的只有基因改造的藍玫瑰。

飼養、栽種各種生物的「農學」

農學支撐著我們的生活

農學這一門學問，與我們生存不可或缺的「食」息息相關。食物是由動植物等生物所生產出來的，而研究如何提升動植物的生產與加工方法的學問，就是農學。

插圖／佐藤諭

為了能夠維持人類生活的豐裕，了解生物的生態、備妥適合動植物生長的環境是很重要的。農學的核心就是「食」，然而，「食衣住行」的衣服與住宅也與農學有關。

▲以上是農學的範例。這是以生物學、化學等自然科學為基礎，與農業、畜牧業、林業、水產業等相關的實用類學問。

插圖／佐藤諭

日常生活中的農學

在學校也能夠接觸到與農學相關的知識，例如，自然科學課會介紹動植物的生態，社會課會學到農業的運作方式。此外，也有一些電玩遊戲可以一邊玩耍，一邊體驗種植農作物、飼養動物、採收、加工、銷售農產品的樂趣。另外，曾擔任農校老師的詩人兼童話作家宮澤賢治，他的作品裡也融入了許多農學知識。

▲成為牧場主人在遊戲裡種田、在牧場照顧動物，體驗個人專屬的牧場生活！

宮澤賢治

▶在童話《卜多力的一生》中描寫對抗天災的農民們。

插圖／杉山真理

江戶時代日本農學蓬勃發展

日本的農學在江戶時代（1603～1868年）有顯著的發展。主要是因為稻米等農作物是幕府和統治各地的藩主的重要收入來源，為了增加收入，他們致力於提高農作物的產量，因此大規模開墾農地。結果促進了作物的品種改良、提升效率的農機具的開發，以及肥料研究等，進而推動了農學前所未有的進步。

▶收集並栽種耐寒害的稻子，進行稻米的品種改良。

▶能夠把大量稻子脫穀的「千齒脫穀器」。

插圖／佐藤諭

農學拯救鰻魚？

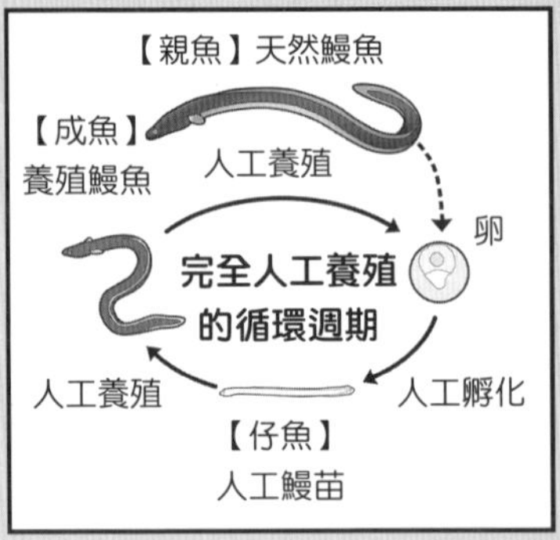

▲專家也正在研究以人工方式重現鰻魚一生的「完全人工養殖」。

▲產卵地點是西馬里亞納海溝附近的海域，鰻魚在太平洋洄游成長。

插圖／加藤貴夫

日本自古以來就愛吃的「日本鰻」，因棲息環境的改變和濫捕，已經近乎滅絕。為了保護鰻魚，專家必須了解生態、保護棲息環境。一直以來，鰻魚的生態始終是個謎，直到二〇〇五年，日本研究團隊發現了鰻魚產卵的地點等相關生活習慣，才逐漸解開一些鰻魚的生態之謎。

糧食自給率是多少？

「糧食自給率」是表示一個國家的糧食中，有多少比例是在國內自行生產。日本與台灣的糧食自給率，如果以營養（熱量）為權數來做換算，都是低於四成。為了增加有限農地的產量，我們必須多加利用最先進的農業技術。

▲「智慧農業」利用機器人和資通訊科技，增進農務效率。

插圖／加藤貴夫

▲選擇多吃國產食材也能增加國內的產量。

插圖／杉山真理

農學的知識 1

基因改造究竟是好還是壞？

糧食危機的救世主？

把某一種生物的基因與他種生物的細胞結合，稱為「基因改造」。栽種出擁有便利特性的農作物，有望解決糧食問題，但也令人擔憂基改食品對人體和環境是否有害。

▲全球有 29 國為了商業目的栽種基因改造作物（根據 2019 年的資料）。

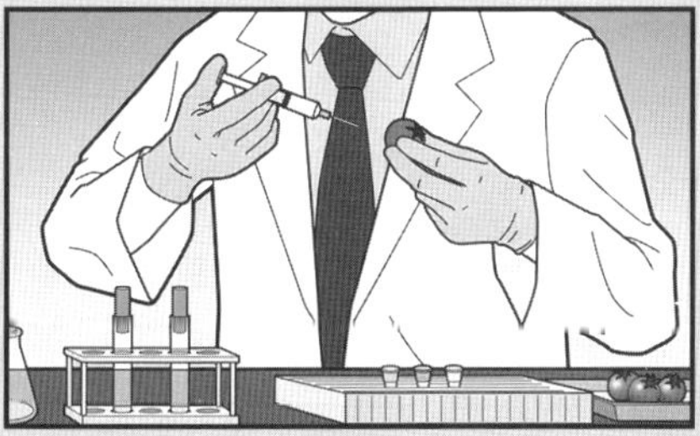

▲台灣原則上禁止栽種基因改造作物。詳細規定請見農業部、衛生福利部的網站。

插圖／加藤貴夫

利用基因改造植物綠化沙漠

東京農業大學研究所的研究團隊，透過實驗知道「阿拉伯芥」的基因中含有耐乾燥的物質。這種特性如果藉由基因改造轉殖到其他植物上，或許能夠幫助沙漠的綠化。

插圖／佐藤諭

▼植物研究常用的阿拉伯芥，與大家熟悉的薺菜一樣，都是路邊常見的野草。

▼沙漠也有自己的生態系。進行綠化必須避免破壞沙漠原有的生態系。

人物

改變世界的大發現！●撐起農學的人物

阿爾布雷希特・丹尼爾・特爾

1752-1828年

農業經營知識集大成

德國的農業學家。他以英國的農業為模型，整理自己經營農場得到的知識，發表著作《科學農業的基本原則》。

約翰・海因里希・馮・邱念

1783-1850年

發表「農業區位理論」

德國農業經濟學家。同時經營農場與進行研究，著作提倡「農業區位理論」，從經濟學和地理學的角度，看在什麼樣的地點打造農場能在農業上得到最大利益。

尤斯圖斯・馮・李比希

1803-1873年

製作化學肥料

德國的化學家。在著作《農業和生理學應用的有機化學》中，發表礦物等無機物也能成為植物的養分，並使用鉀和磷酸鹽做出史上第一批化學肥料，大幅提升農業的產能。

新渡戶稻造

1862-1933年

出版整合日本農學的「農業本論」

日本的教育家、農政學家。在美國和德國研究農政學，是日本首位農學博士。著作《農業本論》是日本史上歸納近代農學的第一本農學書。

插圖／杉山真理

機械製造機

在這裡裝上一門大砲……
如果敵人從上面來襲……
碰碰碰碰。
從船底發射魚雷~咻咻~
後甲板飛彈發射。咚咚咚——
塗鴉畫得那麼開心。
我不是在塗鴉，
我在設計新型戰艦。
如果可以把它做成真的，不知該有多好。
那就來做吧。

科學入門魔法環Q&A

Q 目前世界最大的船舶是下列何種？①客船 ②液化氣體船 ③貨船

「機械製造機」。
材料輸入口
壓縮機
設計圖輸入口
完成品輸出口
你想使用什麼材料？
什麼都可以喔。
有做壞的塑膠模型。
ガラ
ガラ
※咔拉、咔拉
把你的設計圖放進去。
ブ〜ン
ピコピコ
ゴト
ゴト
チ〜ン
※鏘哩匡啷、扣咚扣咚
完成了!!

A ②液化氣體船。一九八〇年日本建造的「諾克·耐維斯號」是全球最大的船，全長約四五八·四五公尺。（已於二〇〇九年報廢拆除）

怎麼樣子不太好看。
是照你的設計圖製作的啊。
用這具遙控器就能操縱了。
有沒有人……
可以幫我拿火柴過來？
ポ
※砰
ズポポン
※咻~砰
フー・・・・
※咻~
射擊還真是準確。
全速前進!!
藤子スタジオ

科學入門魔法環Q&A

Q 以電腦進行的機械設計稱為什麼？

①CAT ②CAP ③CAD

哇～～好好喔。我也想要。
不好意思，哆啦A夢。
那台厲害的機器可不可以借我一下？
好啊。
為什麼要借給他們。
別那麼小氣嘛。
這本書收集了很多電視和電影裡，
各種戰艦的詳細圖解。
SF図解百科

A ③ CAD。Computer Aided Design 的縮寫，意思是「電腦輔助設計」。

我才不做大雄那種破爛玩具。
沒錯！設計圖靠你了。
材料也不能吝嗇，要用新的模型。
※鏘哩匡啷、扣咚扣咚
再多放些其他塑膠製品進去機器裡。
要做出一艘大型戰艦。
ブルルン
沒錯，就取名叫「胖虎小夫號」。
ピコピコ
※將將將
ゴオーン
ゴオーン
※轟轟
我也要玩。
ポコ
ポコ
※砰、砰、嘎鏘

科學入門魔法環Q&A

Q 耐熱的工業用塑膠稱為什麼？①事業塑膠 ②商業塑膠 ③工程塑膠

A ③工程塑膠。可以承受約攝氏一百度的高溫。

※轟轟
前進！胖虎小夫號!!
擊敗邪惡戰艦!!
※咻、砰砰
※嘎啦、嘩
你想做什麼。
你也可以反擊啊。
打敗他們!!
ポコ
ポコ
ポコ
嘿嘿！根本不痛不癢。
※砰砰砰

※咻
※轟
靠著胖虎小夫號的英勇表現，地球終於恢復和平。
我就說不要借給他們嘛!!
再來做一艘更棒的就好了。
我去要回「機械製造機」，你來畫設計圖。
等著瞧!!
我一定要做出更厲害的戰艦。
把紙拼貼成很大張……
就能設計一艘超大的。

科學入門魔法環Q&A

Q 能夠像影印般輕鬆做出立體物品的機器是哪個？①3D列印機 ②數位影印機 ③陶瓷器

A

①3D列印機。也稱為立體列印機。

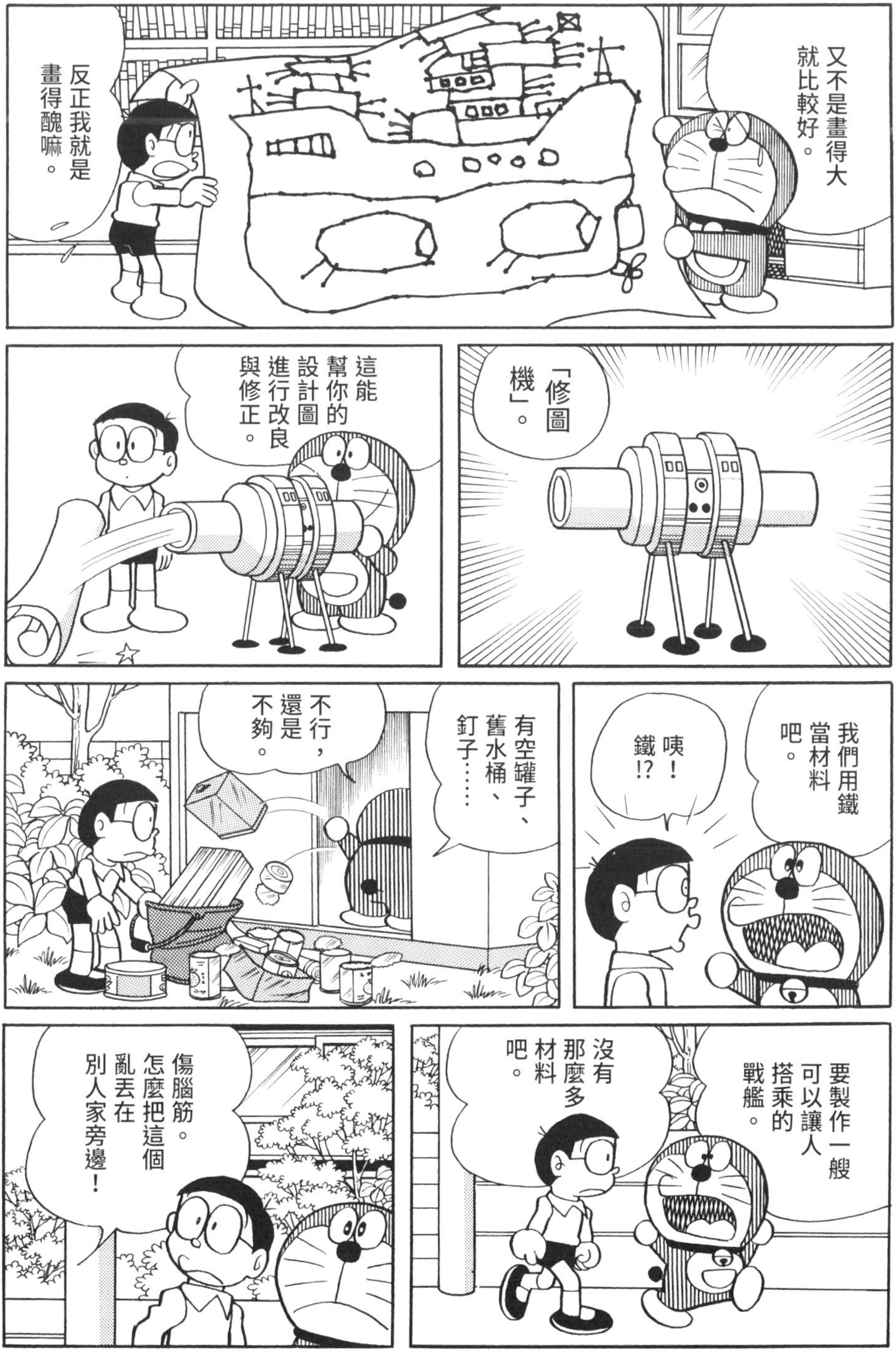

又不是畫得大就比較好。
反正我就是畫得醜嘛。
「修圖機」。
這能幫你的設計圖進行改良與修正。
我們用鐵當材料吧。
咦！鐵!?
有空罐子、舊水桶、釘子……
不行，還是不夠。
要製作一艘可以讓人搭乘的戰艦。
沒有那麼多材料吧。
傷腦筋。怎麼把這個亂丟在別人家旁邊！

別人不要的？
可以把它給我們嗎？
你們要就拿去吧，
感激不盡呢。
用「分解菜刀」將這輛車切成小塊。
全部都丟進去。
哇啊！
我設計的不怎麼樣，但出來的成品卻好棒。

科學入門魔法環Q&A

Q 台灣最高的佛像？

①佛光山佛陀紀念館佛陀像
②大自然文化世界彌勒大佛
③佛光山阿彌陀佛像

※轟轟轟
哇!!
ゴ ゴ ゴ
可惡，我才不認輸。
不怕!!
船身可是用鐵做的。
打不贏。
快逃啊。
※咻咻
看你往哪跑。
趕快躲進祕密基地。

A ②大自然文化世界彌勒大佛。高度五十六點七公尺，位於新竹縣峨眉鄉。

※乒乒乒

咦？要我們還你那輛破車!?
你不是不要了嗎？
沒那回事!!
那是我的愛車，只是借放個兩三天而已。
還給他吧。
我們幫你改造得更帥了。
ゴゴゴゴ

※匡匡匡

「工程學」是對日常生活有助益的學問

研究生活中必需的物品和原理

工程學是運用數學、物理學、化學等基礎科學，思考並打造可以讓日常生活更加便利的物品與系統的學問。

基礎科學想的都是「為什麼會是這樣」，而工程學的目標則是實用。工程學也可稱為科技，就是相對於「科學」的「技術」，相當於是科學的應用。

工程學中的「工」字，意思是運用工具熟練的做出物品的造物者。

插圖／杉山真理

工程學的專業領域很廣泛

工程學與我們每天生活中使用的各種物品都有相關，所以其專業領域包羅萬象。

當中最具代表性的就是機械工程學。利用力學知識思考機械如何驅動、產生什麼樣的力，再設計並製造機械。與馬達和電的原理相關的電子工程學，以及與電腦相關的資訊工程學也都屬於工程學的範疇。

除了這些之外，還有汽車工程學、鐵路工程學、建築學、土木工程學、核子工程學、航空工程學、太空工程學等。

插圖／杉山真理

工程學的知識 1
所有機械皆來自工程學

從工具到機械：「槓桿」和「滾動」

在人類漫長的歷史中，為了方便工作，人們最初製作簡單的工具，後來學會組裝零件，進而能夠製造機械。

單靠手臂搬不動的巨大岩石，運用槓桿就能輕鬆抬起。這個槓桿原理後來被應用在機械上，例如挖土機的怪手。槓桿原理是古希臘數學家兼工程師阿基米德所發現。

搬運大石頭時，在石頭下方墊入圓木就能夠輕鬆移動，這就是「滾動原理」。這個智慧後來發展成車輪，並進一步應用在車輪的「軸承」上。

插圖／加藤貴夫

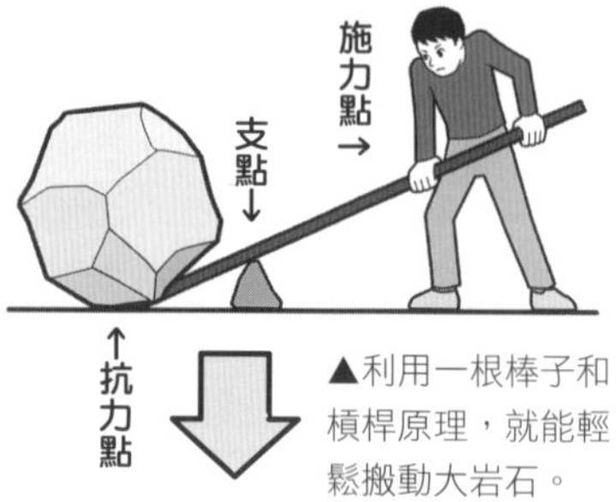

▲利用一根棒子和槓桿原理，就能輕鬆搬動大岩石。

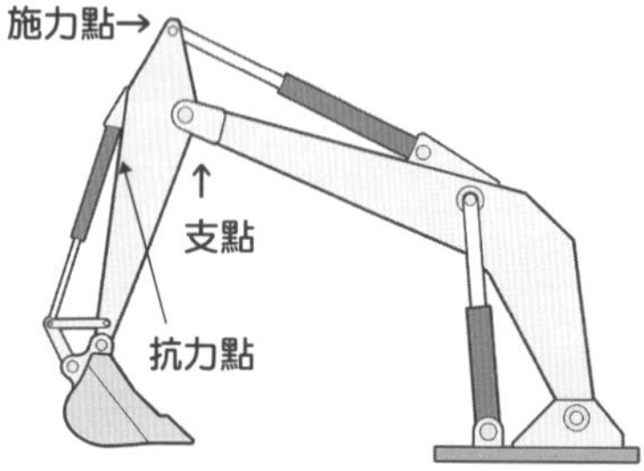

▲挖土機的怪手就是利用槓桿原理。

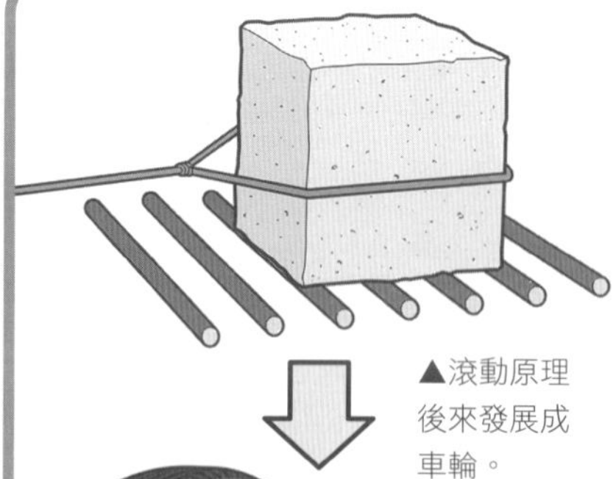

▲滾動原理後來發展成車輪。

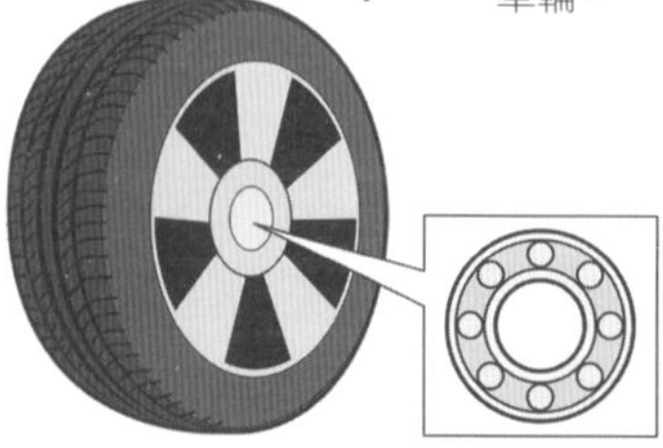

▲車輪的軸承也是由滾動原理發展而來。

插圖／加藤貴夫

工業革命的原動力「熱機（熱引擎）」

熱機是一種利用熱能驅動機械的裝置。蒸汽機的原理就像燒開水，水蒸氣從茶壺噴出一樣，都是利用蒸氣的力量來驅動機械。

插圖／加藤貴夫

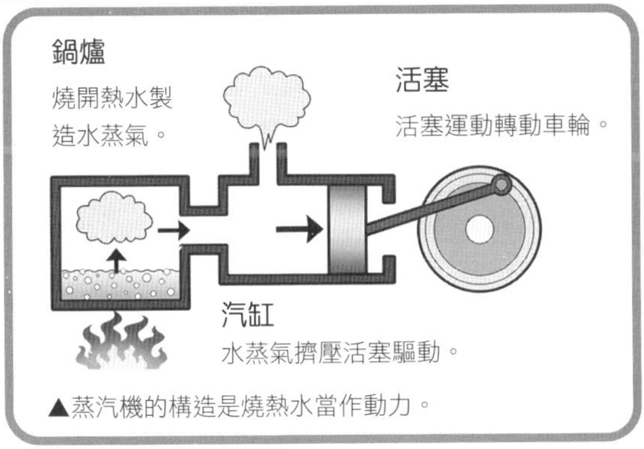
鍋爐
燒開熱水製造水蒸氣。
活塞
活塞運動轉動車輪。
汽缸
水蒸氣擠壓活塞驅動。

▲蒸汽機的構造是燒熱水當作動力。

◀靠熱能行駛的蒸氣火車頭。

插圖／加藤貴夫

大約三百年前英國人發明了蒸汽機，並將其應用在工廠機械、船舶和鐵道運輸等領域，進而引發世界產業的重大改變。

飛機是以何種力量飛行？

在空中飛行的飛機，同時有前進的力量（推力）、往上拉的力量（升力）、後退的力量（阻力）、往下拉的力量（重力）這四種力量在作用。

插圖／加藤貴夫

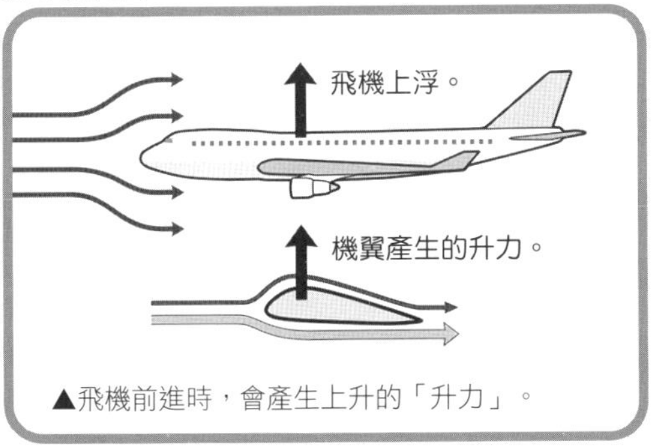
飛機上浮。
機翼產生的升力。

▲飛機前進時，會產生上升的「升力」。

噴射引擎和螺旋槳製造推力，幫助飛機前進；空氣流過機翼上下方產生升力，把飛機往上拉，進而飛在空中。

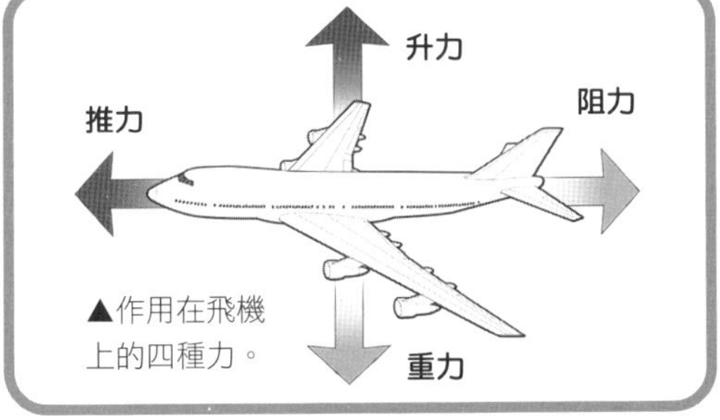
升力
阻力
推力
重力

▲作用在飛機上的四種力。

插圖／加藤貴夫

人物

達文西的工程學點子和發明

插圖／杉山真理

活躍於義大利文藝復興時期，以《蒙娜麗莎的微笑》《最後的晚餐》等畫作聞名全世界的李奧納多．達文西，不僅是一位畫家，更在音樂、數學等眾多領域中展現卓越才能。他在工程學方面有許多的發明，並留下了大量記錄那些發明和靈感的素描。

達文西曾擔任工程師，負責橋梁、堤防等土木工程的設計，同時他也擔任宮廷畫家，在那段時期畫下許多靈光乍現的點子。

其中最著名的就是名為「螺旋飛行器」的直升機素描。其他還有自走車、戰車、撲翼飛行器等許許多多非常夢幻的機械設計草圖。

李奧納多・達文西

1452-1519年

插圖／杉山真理

插圖／加藤貴夫

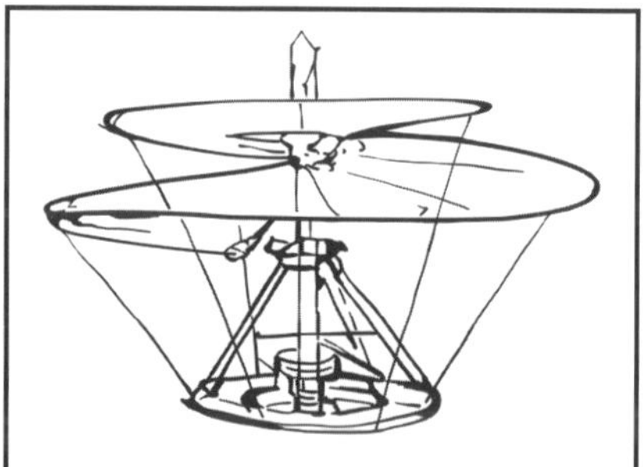

▲達文西設計的直升機。

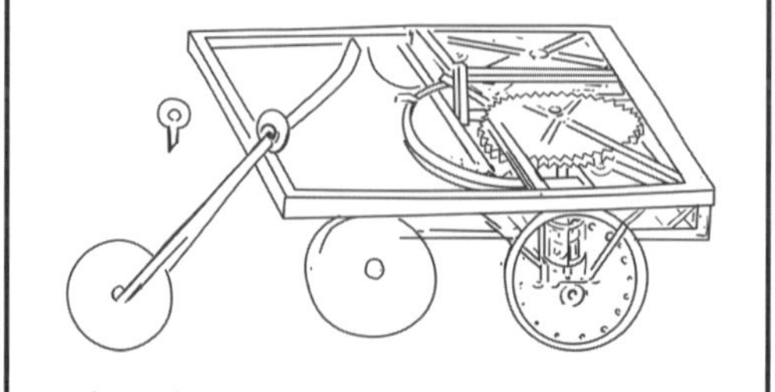

▲達文西構思的自走車。

插圖／加藤貴夫

人物 改變世界的大發現！●撐起工程學的人物

約翰・斯密頓

1724-1792年

世界首位土木工程師

斯密頓是距今約兩百五十年前的英國人，他設計出許多對一般市民很有幫助的吊橋、運河、港口等建設，人稱「土木工程之父」。

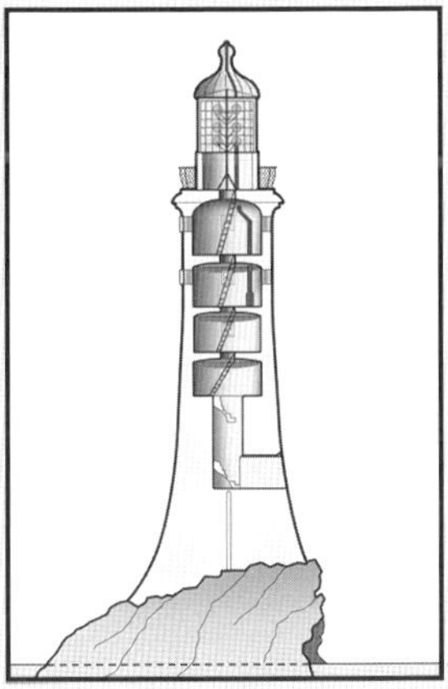

▶用石灰和岩石蓋出來的斯密頓塔。

插圖／加藤貴夫

喬治・史蒂文生

1781-1848年

將蒸汽火車頭成功實用化的鐵道之父

活躍於大約兩百年前的英國發明家。為了搬運煤礦坑的煤炭，設計出蒸汽火車頭。而由他設計規劃的鐵軌寬度，至今仍然是世界各國的鐵路標準，史蒂文生也因此被稱為「鐵道之父」。

▶由史蒂文生取名為「機車一號」的火車頭載著煤炭，以時速約二十公里的速度運行。

插圖／加藤貴夫

蓋歐格・歐姆

1789-1854年

發現電流的基本定律

德國物理學家。研究電壓、電流與電阻的基本關係，奠定電學的基礎。歐姆的名字後來成為電阻的國際單位。

電壓　電流　電阻

$$V = I \times R$$

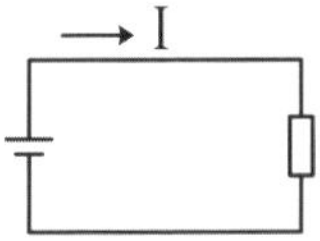

▲當電壓固定，電阻越大，電流就越小；當電阻固定，電壓越大，電流就越大，這就是歐姆定律。

插圖／杉山真理

工程學的知識 2

生活中常見的能源：電學

〈交流電與直流電〉

電流可以分為直流電和交流電兩種形式。直流電是電流方向固定，在外電路中從正極流向負極。交流電的電流方向則會週期性的改變。

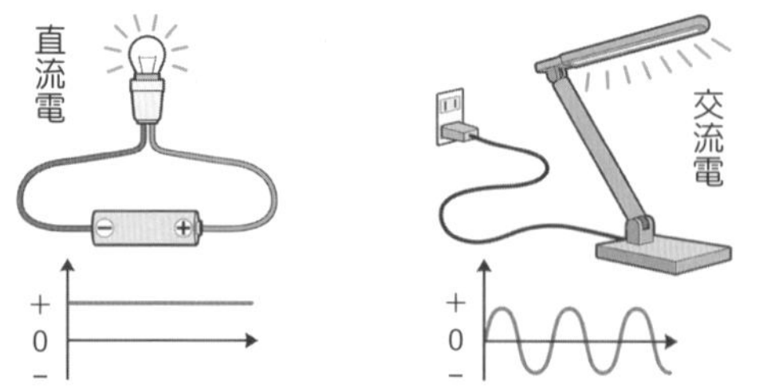

▲正負方向會轉換。　▲電流方向是固定的。

插圖／加藤貴夫

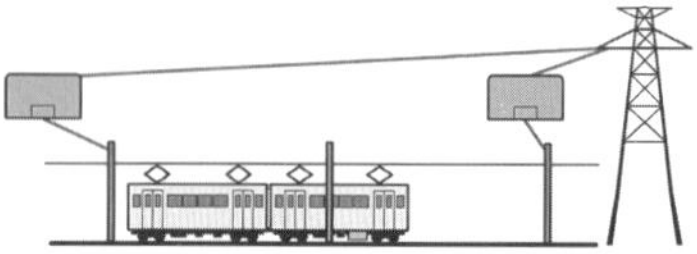

▶直流電車：雖然需要投資地面設備，但電聯車的製造費用較低。

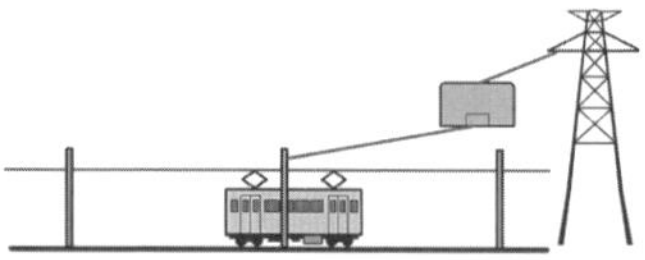

▶交流電車：地面設備固然少，但是電聯車的製造費用較高。

插圖／加藤貴夫

台灣的鐵道系統同時使用直流電和交流電路線。直流電通常用於市區的捷運，交流電則常用於台鐵、高鐵等。

〈核融合產生的能源〉

太陽在浩瀚宇宙中持續核融合反應，釋放出驚人的能量。而想要在地球上重現這種現象的新型發電方式，就是「核融合發電」。

核融合發電是從海水中取出氘當燃料，能夠產生遠比傳統發電還高的能源。然而，還有許多挑戰須克服，例如該如何建造安全且堅固的發電廠等。

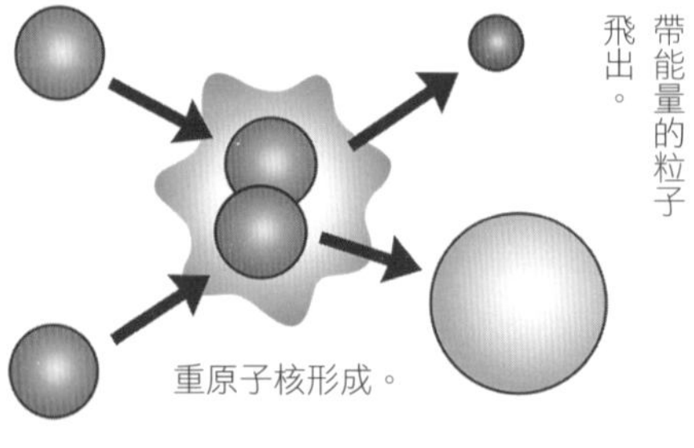

▲輕原子核相連產生能源的核融合原理。

插圖／加藤貴夫

工程學的知識 3

工程學的目標：未來車和太空

〈未來的汽車〉

汽車的自動駕駛目前已在「等級3」實現商業化應用，例如在高速公路塞車時，車輛可以自動駕駛。更高階的等級4、等級5的實驗也正在進行中，相信不久的將來，完全無須操控方向盤就能駕車的夢想即將實現。另外，未來汽車的焦點是飛天汽車。雖然還需要花很多時間才能實現，但汽車製造商的工程師們正積極提出創新構想，思考未來的汽車。

插圖／加藤貴夫

插圖／加藤貴夫

〈太空工程學期許的未來〉

太空工程領域正積極推動，大規模的宇宙未來開發計畫。

日本宇宙航空研究開發機構（JAXA）正積極致力於H3火箭的發射工作，同時也在研究宇宙的運輸系統，計畫打造像飛機一樣可以重複使用的火箭。

此外，也有民間企業正積極投入太空電梯的研究與開發。你要不要也加入工程學的領域，一起來探索浩瀚的宇宙呢？

後記

各位也一起讓科學發揚光大吧！

大學共同利用機關法人 自然科學研究機構
日本國立天文台 天文情報中心副教授

縣秀彥

各位未來想要做什麼？我在小學二年級讀完湯川秀樹博士的傳記後，就一心想要成為一名科學家。我也因此得知，只要像湯川博士一樣進行偉大的研究，對人類進步有貢獻，就能夠得到「諾貝爾獎」。我想要做受人歡迎的研究、拿到諾貝爾獎！這樣的夢想在我年幼的心靈扎根萌芽。日本第一位諾貝爾獎得主是一九四九年獲獎的湯川博士。當時，持續多年的第二次世界大戰終於在一九四五年八月結束，日本成為戰敗國，食衣住行樣樣缺乏，在那樣的時代環境下，湯川博士的研究受到全世界矚目，日本人也因此感到驕傲並找回自信。

第二位獲得諾貝爾獎的日本人是湯川博士高中與大學的同學朝永振一郎博士，他在一九六五年得獎。我想他們兩人一定有在科學研究上互相切磋吧。朝永博士給各位這個年紀的孩子們留下的訊息，保存在京都市青少年科學中心。紙板上這樣寫著：

不可思議的想法，
　就是科學的幼苗。
仔細觀察確認，
然後思考，
　就是科學的根莖。
以這種方式解開謎團，
　最後就會開出科學之花。
　　朝永振一郎

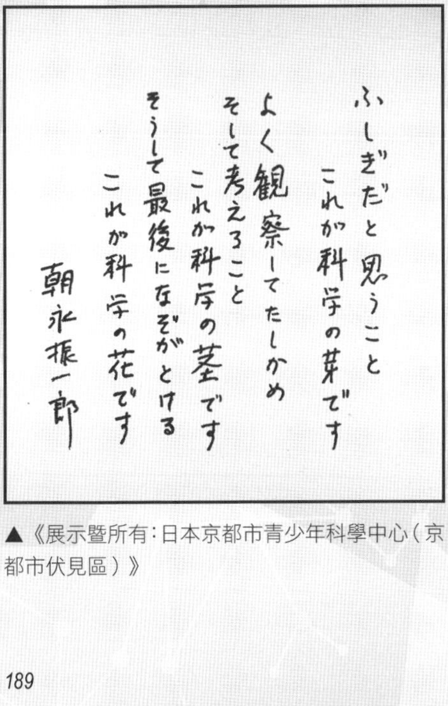
ふしぎだと思うこと
これが科学の芽です
よく観察してたしかめ
そして考えること
これが科学の茎です
そうして最後になぞがとける
これが科学の花です
朝永振一郎

▲《展示暨所有：日本京都市青少年科學中心（京都市伏見區）》

各位要不要試著一同把科學發揚光大？如本書介紹的，凡事都帶著好奇的目光、抱持懷疑的態度，先假設再觀察然後實驗，最後仔細想想如何善用結果。努力辛苦解謎時，一定會很有成就感吧？別客氣，大方的分享這個喜悅給家人、朋友和老師。接觸科學就像閱讀推理小說時的解謎一樣，令人雀躍。

我再分享自己的另一個回憶。在我小學三年級的夏天，一九六九年七月，阿波羅十一號首次將人送上月球表面。阿波羅太空船載著三位太空人，其中兩位搭乘登月艇，剩下一位留在指揮服務船上繞行月球，等著登月艇返航。指揮官阿姆斯壯從「鷹號」登月艇的梯子站上月球表面時說：「這是個人的一小步，卻是人類的一大步（That's one small step for man, one giant leap for mankind.）。」我當時在小學自然科學教室看著月球的衛星直播，心情相當激動。那天是第一學期的結業典禮，從學校回家的路上，我夢想著「等我長大一定要去月球和火星，還要去土星！」我現在依舊清楚記得自己當時是這麼想的。

不過各位也知道，時隔半個世紀後，「阿提米絲計畫」即將再度把人送上月球，但人類至今尚未能夠登上火星，更別提土星了。太陽系內的探索，有航海家一號、二號、隼鳥二號，以及許多火星探測器等無人探測器陸續帶回許多驚人的發現，希望等到各位長大之後的時代，人類已經齊心合力成功前往火星。

為什麼人類時隔半個世紀後才又重新挑戰踏足太空呢？這其中有許多原因，我認為其中一個很大的原因是力挺科學的人減少了。我期待各位讀者看完本書能夠受到刺激，走上科學家、工程師之路。但光是這樣還不足以改變社會，希望讀完本書的所有人都能夠注意到科學的重要與美好，長大後也不排斥科學和數學，就像在支持喜歡的足球或棒球選手、參加喜歡的歌手演唱會一樣，支持科學活動。是的，**科學就是文化**。

哆啦A夢科學任意門 26

科學入門魔法環

●漫畫／藤子・F・不二雄

●原書名／ドラえもん科学ワールド Special —— みんなのための科学入門

●日文版審訂／FujikoPro、縣秀彥（大學共同利用機關法人自然科學研究機構、日本國立天文台天文情報中心副教授）

●日文版撰文／泉田賢吾、保科政美、新村德之、上村真徹、榊原久史、榎本康子、
工藤真紀、樫本敦子、唐木田 Hiromi

●日文版版面設計／Bi-RISE　●日文版封面設計／有泉勝一（Timemachine）

●插圖／杉山真理、佐藤諭、加藤貴夫、倉本 Hedeki　●日文版編輯／菊池徹

●翻譯／黃薇嬪

●台灣版審訂／鄭永銘

發行人／王榮文

出版發行／遠流出版事業股份有限公司

地址：104005 台北市中山北路一段 11 號 13 樓

電話：(02)2571-0297 傳真：(02)2571-0197 郵撥：0189456-1

著作權顧問／蕭雄淋律師

參考文獻、網頁

《日本大百科全集》（小學館）、《理科年表2023》（國立天文台編撰／丸善出版）、《圖解改變世界的50科學》（Mark Frary、Peter Moore 著、小林朋則譯／原書房）、《My Pedia 百科事典》（平凡社）、《牛頓式超圖解超有趣！理科》（武村政春、今井泉、和田純夫、縣秀彥審訂／ Newton Press）、《牛頓大圖鑑系列：科學大圖鑑》（縣秀彥綜合審訂／ Newton Press）、《牛頓式超圖解超有趣！化學》（櫻井弘／ Newton Press）、《瞄過一眼就忘不了的化學：以「原子」為主角的故事書【視覺化 x 生活化 x 融會貫通】，升學先修．考前搶分必備》（左卷健男著／野人出版）、《有趣到睡不著的天文學：黑洞的真面目是什麼？》（縣秀彥著／快樂文化）、《為什麼？圖鑑：宇宙》（縣秀彥著／學研）、《大眾天文學》（岡村定矩、柴井廣審訂、縣秀彥編著／日本評論社）、《牛頓大圖鑑系列：宇宙大圖鑑》（Newton Press）、《哆啦 A 夢科學任意門 2：穿越宇宙時光機》（藤子．F．不二雄、日本小學館／遠流）、《青少年農林水產白書 2022 年版》（農林水產省）、《農學救世界！》（生源寺真一、太田寬行、安田弘法編著／岩波 Junior 新書）、《工程學的歷史：以機械工程學為中心（筑摩學藝文庫）》（三輪修三／筑摩書房）、《圖解機械工程學入門》（小峯龍男／秀和 SYSTEM）。國立天文台、Event Horizon Telescope Japan、超級神岡探測器、頂級神岡探測器、NASA、TSUKUBA JOURNAL（筑波大學）、文部科學省、天文學辭典（日本天文學會）、產業技術綜合研究所地質調查綜合中心、氣象廳、與地科君一起思考地球科學的未來、給我地科、GIGAZINE、濱島書店「理科便覽網站」、恐龍的尾巴、studyvision、環境省、國立遺傳學研究所、岩波書店、東京醫科齒科大學、大阪大學、生物學日誌、農林水產省、日本經濟新聞、久保田公司

2024 年 8 月 1 日初版一刷

定價／新台幣 350 元（缺頁或破損的書，請寄回更換）

有著作權．侵害必究 Printed in Taiwan

ISBN978-626-418-300-0

遠流博識網 http://www.ylib.com E-mail:ylib@ylib.com

◎日本小學館正式授權台灣中文版

●發行所／台灣小學館股份有限公司

●總經理／齋藤滿

●產品經理／黃馨瑝

●責任編輯／李宗幸

●美術編輯／蘇彩金

國家圖書館出版品預行編目資料（CIP）

科學入門魔法環／日本小學館編輯撰文；藤子・F・不二雄漫畫；
黃薇嬪譯. -- 初版. -- 台北市：遠流出版事業股份有限公司,
2025.8
面；　公分. --（哆啦 A 夢科學任意門；26）

譯自：ドラえもん科学ワールド Special：
みんなのための科学入門
ISBN 978-626-418-300-0（平裝）

1.CST: 科學　2.CST: 漫畫

307.9　　114009323

※ 本書為 2023 年日本小學館出版的《みんなのための科学入門》台灣中文版，在台灣經重新審閱、編輯後發行，因此少部分內容與日文版不同，特此聲明。